JN147248

多様な文化と暮らしが入り混じる
街で見つけた日用品

週末香港、いいもの探し

◉大原久美子

はじめに

どこか行こうか、どこにする、じゃあ、香港にしよう。
他愛のない会話から始まり、１９８８年１月、
香港九龍 啓徳空港に降り立った。
夜半に到着したにもかかわらず、
ホテルへと向う的士（タクシー）の窓越し、
暗闇から飛び込んできたのは、
巨大なおもちゃ箱をひっくり返したような、見たこともない景色。
それは予想もしなかった、
とてつもなく強烈に面白い街との出合いだった。

アジアの近いようで遠い存在を目の当たりにして、
知ってるようで全く知らずにいた歴史や文化に衝撃を受け、

ここに暮らす人々とその様子に魅了された。

自分の日常へと気軽に持ち帰ることのできる
日用品を探し、出合い、使いこなすことから、
この小さく巨大なパラダイスの生活文化に
より近付こうと夢中になった。
それが香港をもっと知ることへ繋がっていくのは、
この上もなく楽しい。

気がつけば、途切れることのない、好きだねぇ、と冷やかされながら、
長い長い付き合いになっている。
自分同様に香港に通い続ける皆さんや初めての方々にも、
こんな旅スタイルもあるのかと興味を持って頂けたら嬉しい。

第1章　香港のいいもの、美味しいもの

第2章　もっと知りたい香港

※本書で紹介しているアイテムは、すべて著者の私物です。過去に著者が購入した店や場所を元にできる限り情報を掲載していますが、現在は手に入らない場合もあります。予めご了承ください。アイテムは、商品や名称の直訳ではなく、日本語でわかりやすい表現にしています。※本書の記載情報は2017年12月現在のもので、データは変更の可能性があります。

空港から一つ二つと吊り橋を越え、細長い高層ビル
群が見えてきた。「早晨、おはよう香港」胸弾む瞬間。

深水埗大南街の看板群見たさに足を延ばしたのは2004年。今は取り外され見ることは叶わない。

大きな渦巻き線香が所狭しと奉納され、それぞれの願い事を煙に乗せ、ゆっくりと天までとどける。

紅磡街市の中で家庭用刃物や裁縫道具を商う店。
気のいいおじいちゃんが看板店主。

満席になると外テーブルが出るのか、食堂前に
整然と積み上げられた真っ赤なスツール。

上環の階段脇にあった小さな店舗で買い求めた、
手作りの功夫靴。大切に履き続けたい。

いつもはただ通り過ぎる集合住宅。ちょっとお邪魔して、空を見上げれば、違う景色が見えてくる。

家庭用品店から洪水のように刺激的な色が溢れ出す。どれもこれも目を惹いて、目眩がする。

質屋の外壁を真っ白な上下で、左官作業中の粋なおじさん、いかにも几帳面そうな出で立ち。

28安士
黃豆、麵粉、糖、
、保存粉。
化大同有
化罐頭有限公司
COMPASS BRAND
THIS SAUCE IS MADE FROM SE-
LECTED SOYA BEAN EXTRACT
WHICH IS PROCESSED WITH
WHEAT FLOUR AND PURE
SALT UNDER THE UTMOST
CARE AND SOLAR RADIATION
南針嘜
MADE IN HONG KONG
金標醬油
THE ORIENTAL
LABEL
CANNING CO. LT

第1章 香港のいいもの、美味しいもの

街を歩いて出合う、これはなんだ、あれはなんだ。
ワクワク心弾む。
今はいいかな、次にしよう、そんな油断は禁物。
香港の極端に短いチャンスのシッポは、今直ぐぎゅっと摑える。

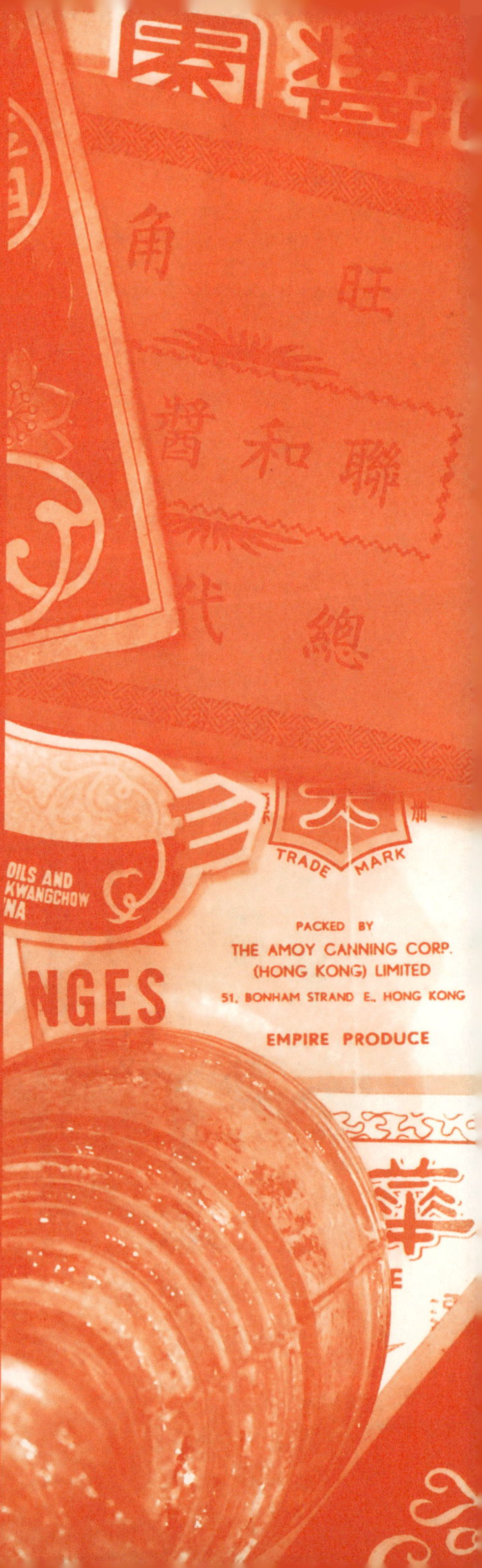

1

食の道具と
雑貨

ステンレスのポット

いつでも
ガチャガチャと
気楽に使える

不銹鋼茶壺《バァッサウゴンツァウ》｜ステンレスのポット

家庭用品店（P.102）や上海街（P.104）で買い集めたポットたち。持ち手の形状が違う左上を除く、全てが厨房用品やキッチンウェアなどを製造するSUNNEX社の製品。材質は18/8の高品質のステンレス。

紅茶や中国茶に合う丸みを帯びた、一人用のステンレス製ティーポットに１９８９年、香港で出合った。今でも毎日毎朝、お茶を淹れている。一番のお気に入りなので壊れたら困ると不安な気持ちで使い続けていた。

２０１７年、九龍上海街にある宇宙不銹鋼工程公司（P.１０５）をパトロール中、棚の上に埃をかぶったポットを見つける。手に取ると同じ商品だったので思わず小躍りしそうになった。以前にも立ち寄って目につかなかったのは、今回、たまたま店主がこんなものもあったのか、と奥から取り出し手前に並べ、タイミングよく自分が見つけた、そんな感じかもしれない。ここにきて、どうにかもうひとつ手に入れてひと安心。

その他のポットは新しいデザインを見つけるたびに買っているのでもうこれ以上はいらないだろう、というくらいに揃ってきた。その上、日本でもオシャレでいいものを見つけると買ってしまう。こちらは作りがしっかりしていて完成度も高い。じゃあ、それを使えばいいのだが、なかなか手が伸びない、結局はキッチンのお飾りになっている。香港から持ち帰ったポットには旅の愛着だけではなく、ガチャガチャっと使える気楽さがあるからだ。

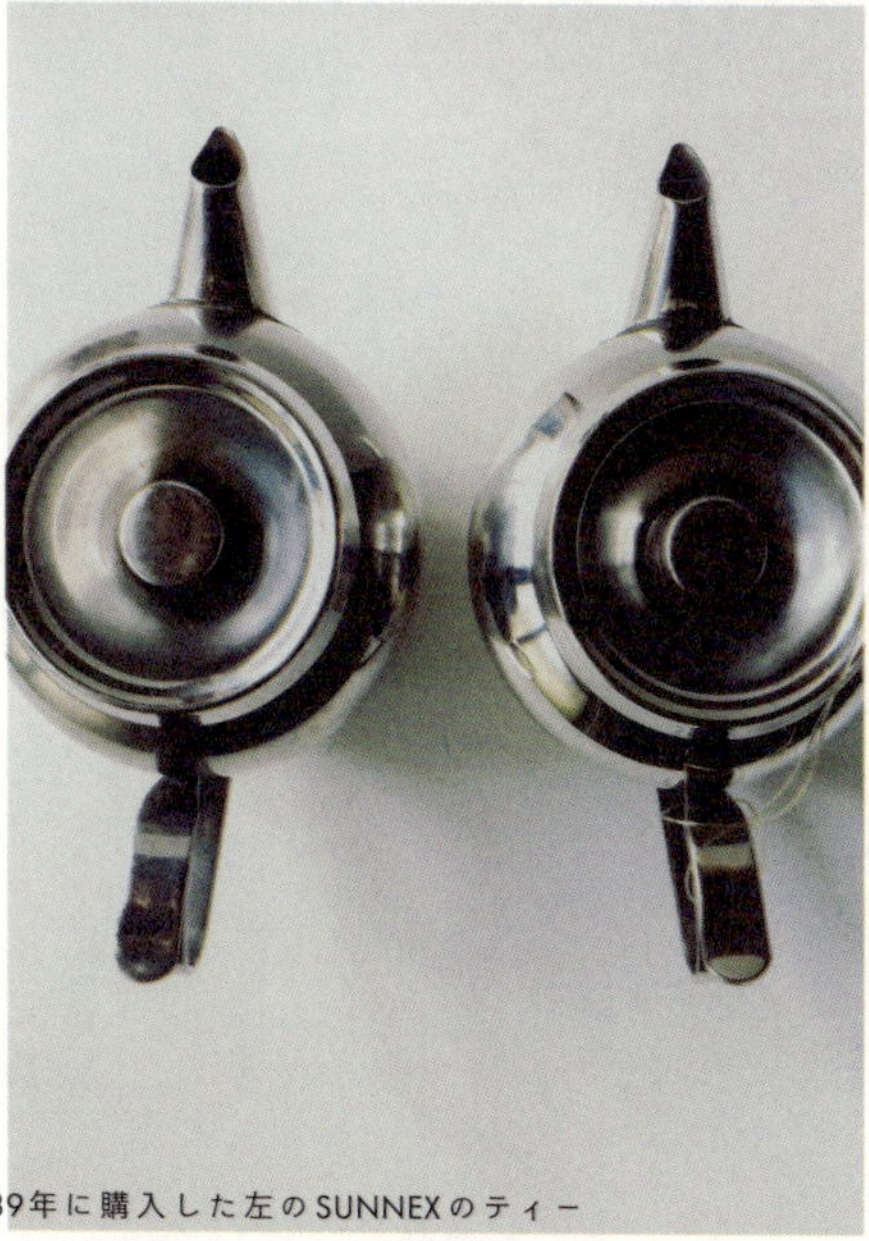

1989年に購入した左のSUNNEXのティーポットは毎日使っているので裏側の刻印も擦れてきた。右側は2017年に購入した同じ形のもの。本体はしっかりとした厚みのあるステンレスを使っている。容量300㎖

廚用夾《ツーヨンガープ》｜トング

毎朝、餅店のショーケースには焼きたての
パンとトングが並んでいる。

2

食の道具と
雑貨

餅《ベン》店《ディム》のトング

持ちやすく
ぱっちんと挟んで離さない

時折、気が向くと季節のジャムを作る。ビンの煮沸にはよくあるパン屋のセルフ用トングを使って鍋から取り出す。どうも学習能力がなく、毎回、鍋の上で水気を切ろうとしてビンに残った熱湯がトングの先っぽから手元に伝わり火傷しそうになる。そういえば、家には香港で買ったトングがあるはず、ごそごそと棚から見つけ出して、早速、使ってみた。ビンを挟んだ時に安定感があり持ち上げやすい、水気は手元に回らず、とても具合がいい。目の前に出てきた以上はいろいろと使ってみる。トースターからは焼き上がりのパン、鍋から煮沸したふきん、勿論、蒸籠にも。見た目以上に頑丈で万能だ。

　このトングは餅店（ベーカリー）や茶餐廳（食堂）で見かけることが多いが老舗有名料理店・陸羽茶室でも使っている。早茶のオーダーシートが配られる前、店員が客席と客席の間をほかほかの點心（点心）の詰まった番重をベルトで下げて売り歩く。客が選んだ點心の入った蒸籠をトングで摑んで、真っ白いクロスの掛かったテーブルにサーブする。いつものトングがどことなく高級品に見えてきた。

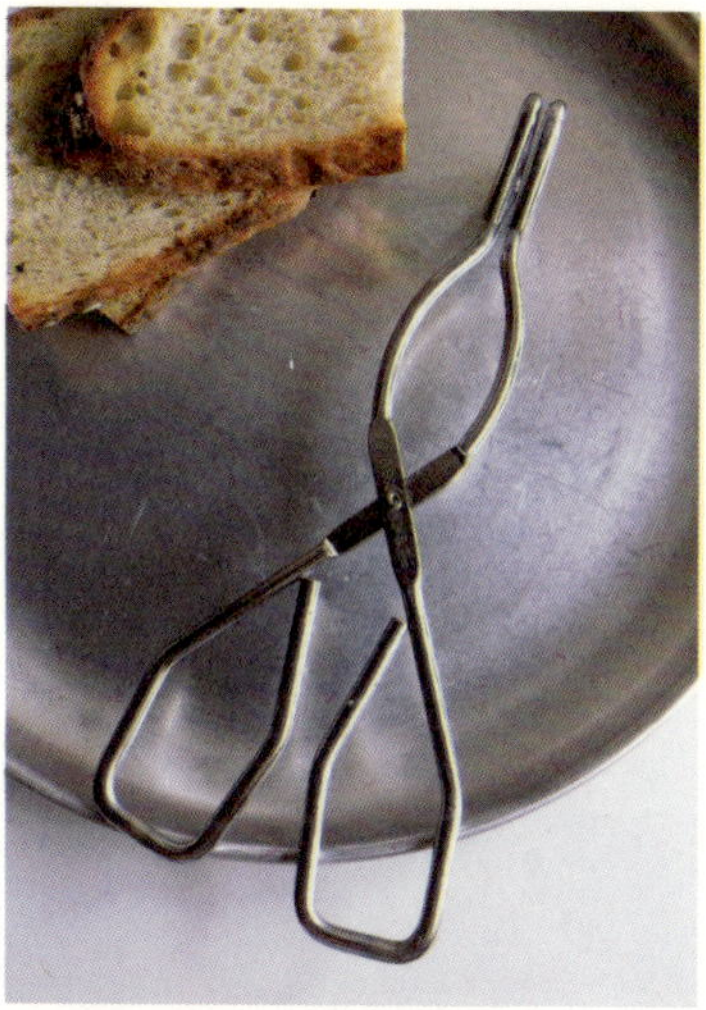

挟みやすいのでトースターからパンを取り出す時にも活躍している。L20cm／家庭用品店（P.102）や厨房用品専門店（P.104）で購入できる。

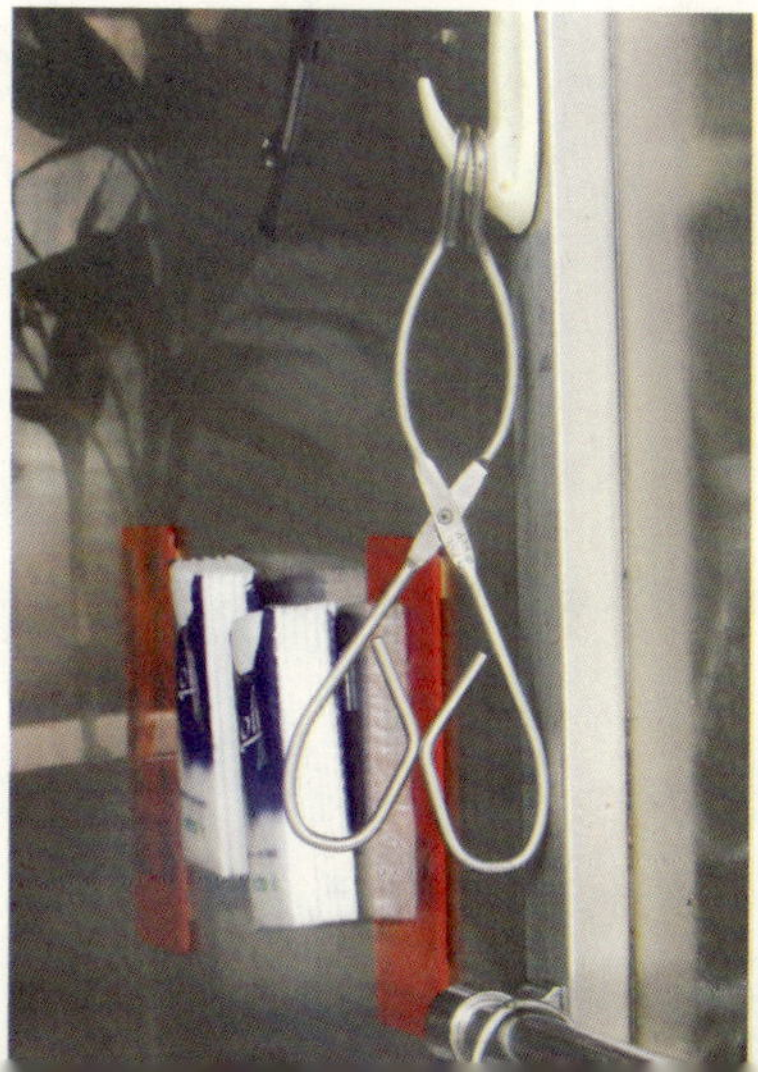

壁面にはポツリとトングだけ、夏季休暇中の干し肉専門店・何八記臘味専家（新界元朗　P.133）。

3
食の道具と雑貨

素朴な土鍋

素材の旨みを引き立て美味しく仕上げる

瓦煲《ンガボウ》｜スープ用土鍋

スープ用の土鍋は見た目の素朴さからは想像もつかない高度な設計だ。蓋の通気穴は蒸気をそっと逃し、丸みを帯びた土鍋の中にゆったりとした対流を作る。スーパーや街市（市場）で売られている、体調に合わせた漢方生薬の養生スープセットと肉類を合わせ、じっくり2時間ほど煮込む。コクがあって体にスッと馴染むスープが出来上がる。Ø14.5 H16㎝ 容量1.8ℓ／2014年 家庭用品店（P.102）で購入。

長洲の路地裏にある古い民家の横を通り抜ける。
開け放たれた窓から見えたのは
台所のコンロにかかる使い込んだ土鍋。
クツクツと音を立てて湯気をあげる様子は懐かしい。
旅先でその一コマを持ち帰りたくなる瞬間が
突然現われた。

瓦煲｜片手土鍋

地元でも人気の、具材とごはんを炊き込み、熱々でテーブルに運ばれる煲仔飯（土鍋ごはん）用鍋。日本の土鍋と性質が似ているのでごはんを炊いたり湯豆腐や粥と、こだわりなく使える。手元にあるものは黒い釉薬が古めかしい蓋の大きな取っ手に特徴のある土鍋で、近頃はあまり見かけない。よく見かけるのは蓋の取っ手が小さく持ちやすくなったものだ。Ø20 H8.5㎝／1990年頃 銅鑼灣の家庭用品店で購入。

スーパーで買った養生スープセット「田七保健湯」には生薬の田七人参・蔓人参・玉竹・淮山が入っていた。

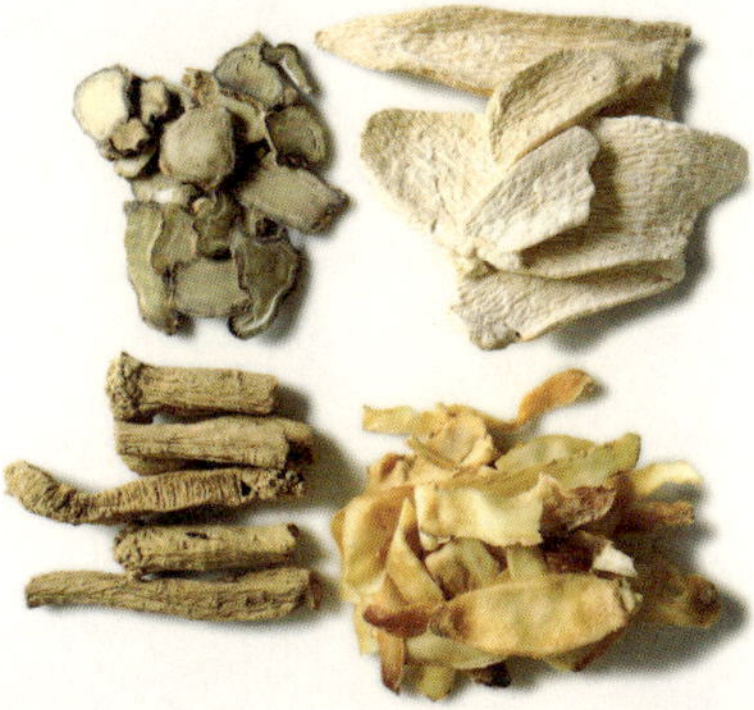

華富邨にある榮記五金家品（P.103）では売り場奥に土鍋がいっぱい。

4

食の道具と雑貨

紅《ホン》A《エイ》のボウルとキッチンかご

生活空間になじみやすい
甘すぎない
赤のプラスティック

面盆《ミンブン》（上）｜ボウル

長方篩《チョゥンフォンサイ》（下）｜長方形のキッチンかご

愛らしい洗い桶のようなボウルと長方形のトレーはおままごとセットにでも入っていそうな小さいサイズ。〈上〉UTILITY BOWL（No.1746）Ø12.7 H5.5㎝ 〈下〉UTILITY TRAY（No.828）L13.8 W9.3 H5㎝

大きな紅Aのシンボルマークが目を引く、地下鉄 鑽石山駅からほど近い本社ビル。

シンプルでひと工夫のあるプラスティック製品を
香港で作り続けている星光實業有限公司は
1949年の創業。街市（市場）のシンボルである
ランプシェードに代表される
紅Aシリーズの赤はきっぱりと力強い。

紅燈罩と呼ばれる赤いランプシェード。街市の食品を美味しそうに照らしている。

DATA & MAP

星光實業有限公司
STAR INDUSTRIAL CO.,LTD.
www.starreda.com/
ホームページでは商品の品番検索ができる。

5

食の道具と
雑貨

紅《ホン》A《エイ》の
ジュースしぼり器

細部まで工夫されて
使い勝手が抜群

搾汁器連量杯《ザーザップヘイリンロゥンブイ》 | ジュースしぼり器

メジャーカップにも使え、手入れも簡単。
JUICER WITH MEASURING CUP（No.981）
Ø11.5 H12.2㎝　容量500㎖

素気ないくらいシンプルなジュースしぼり器は紅Aの定番商品。初めて見かけたのは九龍 石硤尾の黒地（P.156）というこだわりの雑貨店。次に訪れた香港、新界大埔墟の家庭用品店で見つけて持ち帰る。朝の忙しい時間、半分にカットしたグレープフルーツをグリッと回ししぼってあっという間にジュースへ。グラスに注いでクイっと一気飲み。うまい。家なら飲みたい量も加減できる。やっと出合った素早く使えて便利なジュースしぼり器。

注ぎ口には小さい切り込みがあり、カップに種が落ちにくいなど細部まで工夫されている。紅AについてはP.25を参照。

竹餡挑工具《ツォッハムティウゴンゴイ》｜竹べら

リピート買いのつもりであれこれ選んだヘラは先が丸いものや四角いものと毎回違っている。餃子作りは勿論、バターナイフ、鍋底の軽い汚れ取り。これだけ揃えば使い方もいろいろ思いつく。L19.7～26㎝／2004～17年 九龍上海街の萬記砧板（P.105）や香港島西營盤の徳昌森記蒸籠で購入。

6

食の道具と雑貨

竹の道具

トランクの片隅に入れて持ち帰り、飴色になるまで使いたい

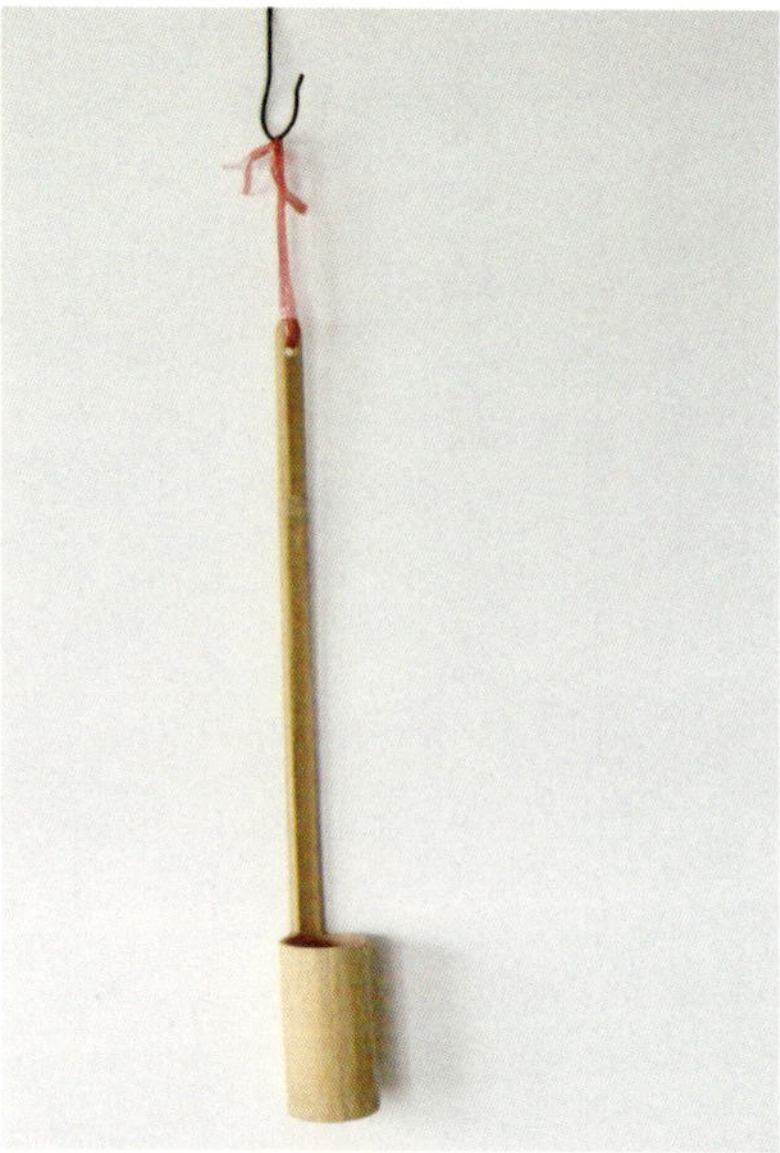

竹水勺《ツォッソイチョッ》｜竹の柄杓

壁にかけても絵になる。L38㎝（筒状の部分φ4.5 H8.3㎝）／徳昌森記蒸籠で購入。

竹蒸架《ツォッツィーンガー》｜竹の蒸し台

ホゾで組み立てた素朴な蒸し台。折り畳める。15㎝角H 5.2㎝／徳昌森記蒸籠で購入。

水筒に見えるが、竹水烟筒と呼ばれる水煙草用の喫煙具。

竹を曲げて銅線で括った小さな蒸籠二十個と蓋十個、それを持ち帰るためにトランクを一つ増やして詰め込んだ。初めてのワゴン式飲茶で出合った蒸籠、竹肌そのままの素朴な作りと小さなサイズが新鮮で友人や知人へ配りたかったのだ。手元に六個残し、二段ずつ、蓋をセットして土産にした。今思えば手渡されて困った人もいたはずだ。そんなことも分からないくらい、いいものに出合ったと興奮した。今はもう香港から蒸籠を持ち帰ることはない。それでも訪ねるたびに蒸籠を扱う店へ行く。おおよそどんなものか見当がつくもの、全く使い方が分からずお飾りに見えるもの、まだまだ見たことのないちょっとおもしろい竹の道具との新たな出合いがあるからだ。

7

食の道具と雑貨

使い込みたいかご

グンとしなって持ちやすく
自然の肌合いが美しい

籐籃《タンラム》｜かご

編み込みがきつくて少々変形しているのも、作り手の個性が出る手仕事ならではのおもしろさだ。W36 D24 H33㎝（持ち手 W13.5 H12.5㎝）

インスタグラムにポスティングされた手提げかごにハッとした。「その昔、香港で買ったかご」とコメントがある。

　懐かしい、学生の頃、ボロボロになるまで使い込んだものと同じだ。あれは香港からやってきたのか、自然の肌合いもトートバッグのような形もいい。今だったらどこで買えるだろう、香港好きの友人に尋ね、「最近は香港島西營盤の竹専門店で見かけた」と教えてもらった。

　どうにか手にすると、今だからこそ気付くことがある。竹と籐を使った持ち手の作りに秘密があるらしく、握るとバネのような弾力があり重さを緩和している。日本の市場かごと同じで持ち運ぶ時の安定感もいい、しっかりと編み込まれて、ちょっとやそっとじゃ壊れない。こんなに魅力溢れる手提げかごも近頃ではなかなか見かけない。

街では使い込まれた竹かごをよく見かける。
市場の魚屋では金銭かごとして使っていた。

新鮮な食材を届ける運搬用など、長いあいだ変わらないざっくりした竹かごは用途が広範囲で頼もしい。

フードパック

シンプルだからこそ用途が広がる

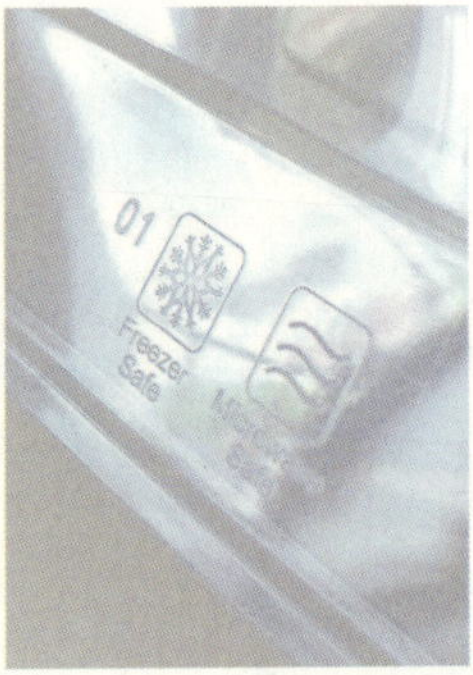

打包膠盒《ダバウガウハップ》｜フードパック

フードパックの蓋についた表示マーク。冷凍と電子レンジのデザインが分かりやすい。材質ポリプロピレン・耐久温度＋110～－20℃・W17 D11.5 H7㎝　容量1ℓ／香港仔にあった期間限定の家庭用品店で購入。

搭乗前、空港のフードコートで炒飯をテイクアウトすると、洒落たパッケージで手渡された。食べ終わってからも捨てられず、きれいに汚れを落として香港で買った乾麺の保存容器として使った。気軽な作りと軽さ、スッキリとしたところが気に入ったのだ。

さすがに何度も開け閉めをしたので蓋は割れてしまったが、使い方次第ではそう簡単には壊れない。ランチボックスは勿論、ギフトボックスや収納ケースなど、シンプルなものはいろいろと用途が広がるので楽しい。

上／香港島堅尼地城の素食店で一人前のセットをテイクアウト。スープやごはんは丸型のフードパックに入っていることが多い。半透明のすっきりとした容器は食べ物を美味しく見せる。**右**／メインの四季豆（いんげん豆炒め）、本日の薬膳スープとごはん。

DATA & MAP

若蘭慈素食

Orchid Veggie

香港 西環卑路乍街18A號
如意大廈創景商場2號地舗
+852 2367 7790

MAP → P.155

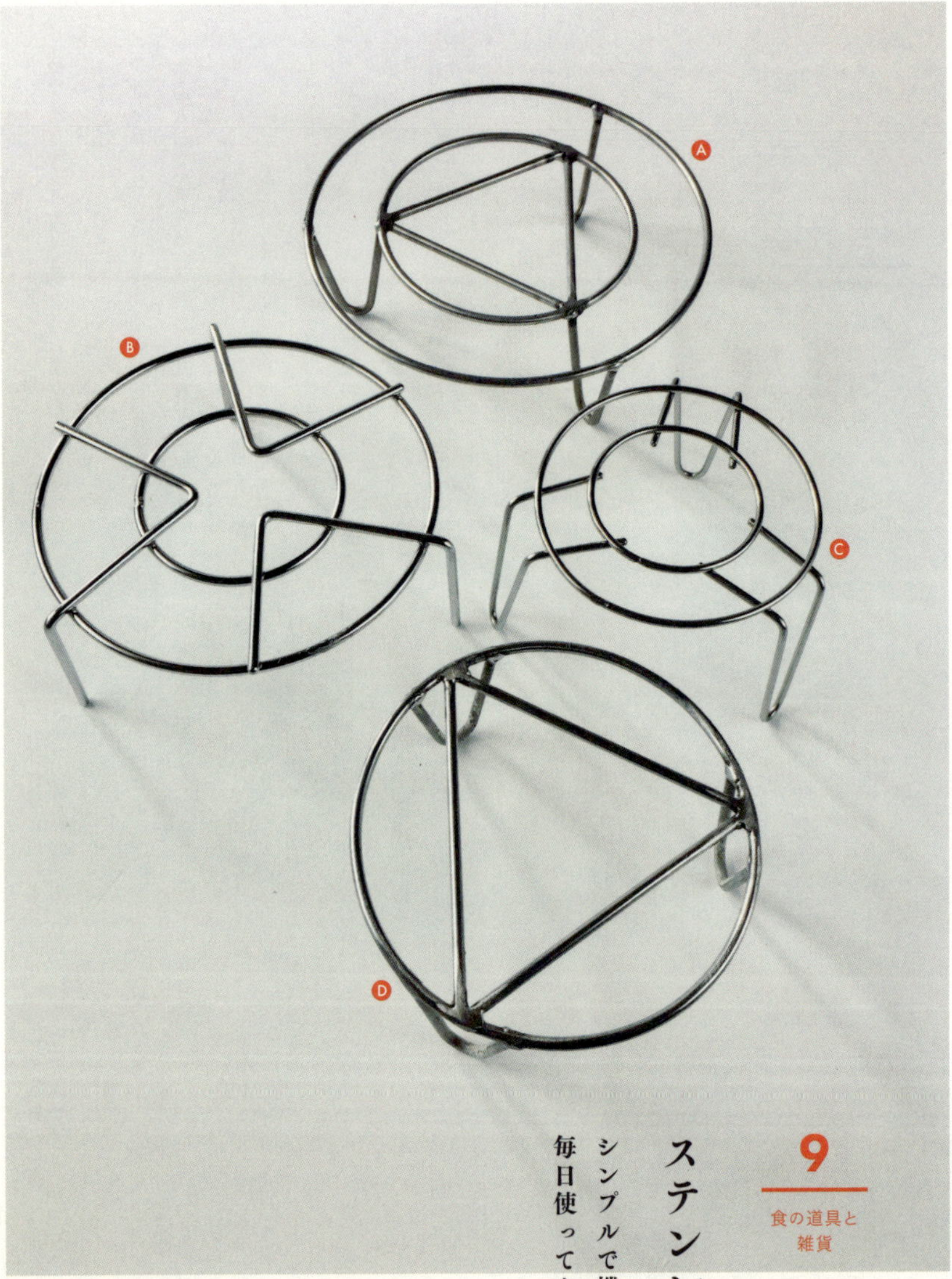

9

食の道具と
雑貨

ステンレス製の台所道具

シンプルで機能的だから 毎日使っても飽きがこない

不銹鋼多用蒸架《バィッサウゴンドーヨンジンガ》｜スチーマーラックスタンド

深鍋にこのワイヤースタンドと適量の水を入れるだけで蒸し器に早変わり。電子レンジを使わずに冷凍ごはんを蒸して食べるわが家の必需品。家庭用品店（P.102）・厨房用品専門店（P.104）で購入。

- A Ø 18.3 H 5.5㎝
- B Ø 15.3 H 5.5㎝
- C Ø 10.5 H 7㎝
- D Ø 13.5 H 5.5㎝

何年も毎日使い続けるものだから、台所道具は機能的で丈夫で手入れの簡単なものがいい。気がつけば香港であれこれ探し出したものは、どれもこれもあてはまるようだ。

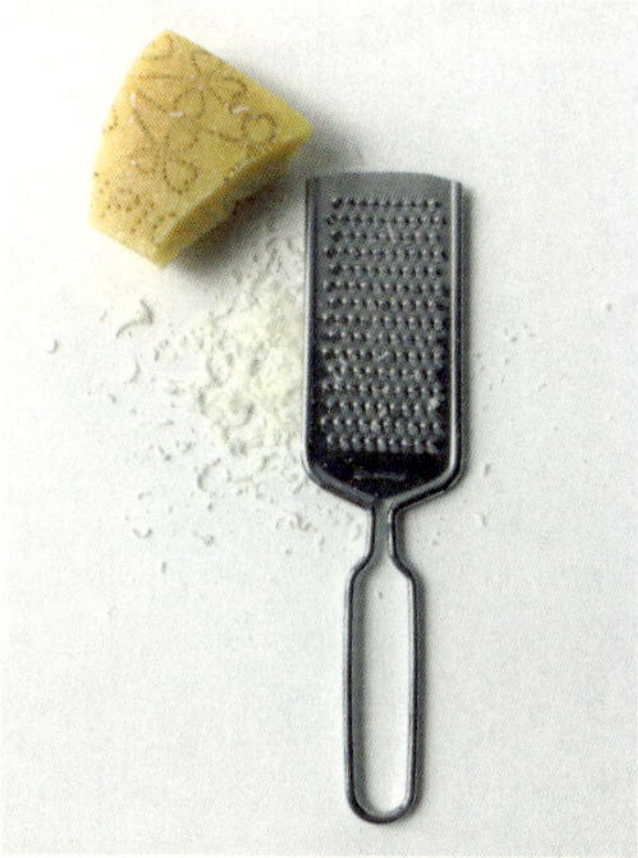

不銹鋼刨絲刨茸器《パウシーパウヨンヘイ》｜グレーター

ペラっと簡単な形でやや荒目のグレーター。ありそうでなかなかないサイズ。チーズや小量のキャロットラペ、生姜にも使える。L21.5cm（おろし金部分L12 W5.5cm）／隆盛祥合記で購入。

不銹鋼廚用夾《チューヨンガープ》｜キッチントング

どこかのブランドとよく似たデザインのトング。小さいサイズは珍しい。清潔に使える継ぎ目のないデザインは、台所に限らず食卓にもおすすめ。〈大〉L17cm〈小〉L13.2cm／香港島 堅尼地城の隆盛祥合記（P.103）で購入。

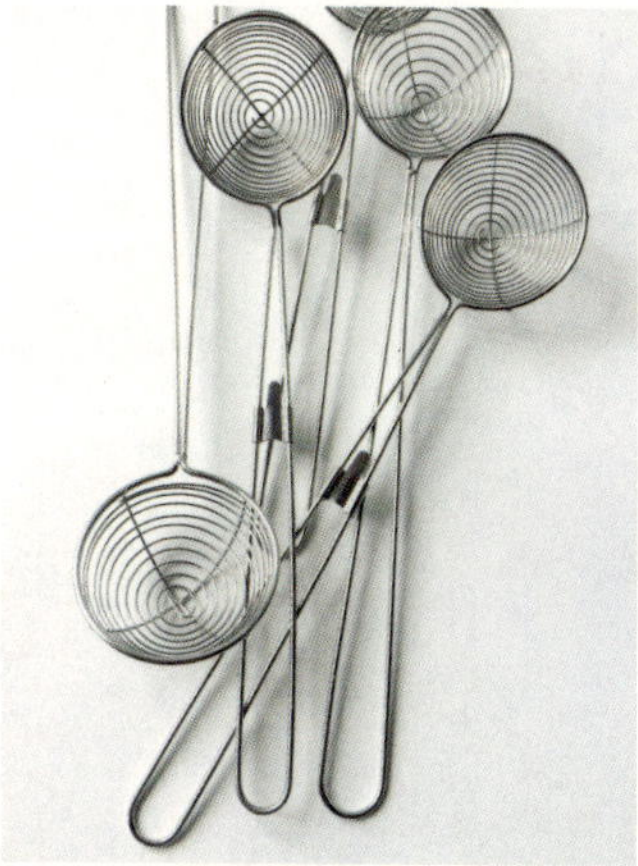

不銹鋼罩籬《ツァウレイ》｜ワイヤーレードル

ポーチドエッグ用と思い込んで買った火鍋用のレードル。小量の野菜をゆでたりゆで卵をすくい上げたり、見た目のとぼけたところも良い。L27.5cm（水切り部分Ø6.5cm）／厨房用品専門店・city'super・百佳超級市場（P.109）で購入。

不銹鋼飯殼《ファンホッ》｜サービングスプーン

長年デザインが変わらないサービングスプーン。これ一本さえあれば、他にレードルがなくても十分と思わせるほど応用範囲が広い。L23cm／厨房用品専門店や家庭用品店での定番商品。

10

食の道具と雑貨

ラクダ印魔法瓶

匂い移りもなく、
白湯も美味しい
ガラス製真空フラスコ

駱駝牌暖水壺《ロットバイヌンソイウー》｜ラクダ印魔法瓶

家にある魔法瓶は旧モデルの赤色と2014年発売の濃紺色。各φ8 L23.6㎝ 容量450㎖

香港へ行き始めの頃、九龍油麻地で定宿にしていた小さな安ホテルは、朝、外出して夕刻に戻るとサイドテーブルの魔法瓶には口いっぱいに熱々の普洱茶（プーアル茶）が入れられていた。細長い形に持ち手の付いた、どこか時代を感じさせるものだった。ホテルの裏手の上海街（P.104）を歩くと同じような手付きの魔法瓶がいろいろと売られている。欲しいけれど持ち帰るにはサイズが大きい。見ては買わないを何年も繰り返し、やがてそれが香港のブランド、駱駝牌（ラクダ印）だと気がついた。

2014年秋、デザイン・色・サイズも丁度いい濃紺のラクダ印魔法瓶を上環の朱榮記（P.155）で見つけ、多分これを逃したらまた悶々とし続けるだろう、とようやく持ち帰った。新モデルが発売されて半年後のことだ。これは細長い手付きのモデル同様、内側はガラス製真空フラスコで出来ている。朝のうちに淹れたお茶もなかなか冷めないほど保温性が高く、白湯でも金属の匂い移りがない。いつまでも長く使いたいので、一旦お湯で内側を温めてから熱々のお茶を入れ、洗う時にはいきなり冷水を使わないなど丁寧に扱っている。

赤色の旧モデルはすっきりとした茶筒のような形で蓋は大きめのプラスティック製。ツルッとした光沢のある赤いボディと蓋にトレードマークがエンボス加工されている。

さらなる飛躍へ向けて
香港での製造を守る

1940年代から香港での製造を守り続けているラクダ印ブランドで有名な唯一冷熱水壺廠有限公司のトレードマークは、大きなラクダの前で帽子をかぶり長袍《チョンボウ》を身につけた男性の魅力的なデザイン。近年、発信されたプロモーションビデオから九龍灣の自社工場ビルの外壁にもこの大きなトレードマークがあることを知った。これは見に行きたい。2016年12月、住所を頼りに訪ねてみる。が、そこはすでに空きビルになっていた。懲りずに会社へ連絡を取ると拍子抜けするほど気安く別の場所、九龍紅磡の工業ビルへと案内を受け、そちらでお話を伺うことになった。

オリジナルの魔法瓶は日本への輸出が難しいこと、先の九龍灣の工場ビルは若く優秀なスタッフの企画によるリノベーションが始まっており、2017年3月にはホテルとしてオープン、そこは製品のプロモーションや

九龍太子東道に面したオフィスの入ったビル。外壁にはトレードマーク。

ショールームの役割もするとの説明を受ける。
　香港の企業は世代を重ね、大きな変化の時期に入っている。駱駝牌の唯一冷熱水壺廠有限公司も同様かもしれない。長年、不安定な香港経済に揉まれながら特化した製品を作り続け、今後も懐かしさと新しさが交わる暖水壺（魔法瓶）を守り続けるために次世代へ向けた事業展開が始まったようだ。

DATA & MAP

唯一冷熱水壺廠有限公司
Wei Yit Vacuum Flask Manufactory Limited
www.madebycamel.hk

九龍紅磡の工業ビルに唯一冷熱水壺有限公司を訪ねた時、ガラガラっと竹かごいっぱいの魔法瓶のフレームが運び込まれるのに遭遇。

2017年3月、九龍灣の旧工場は以前の面影を残しながらモダンなホテルへと生まれ変わる。宿泊フロアから望む中央部分の吹抜けは白とブルーのストライプ、ポップで明るい印象に塗り替えられた。客室は自社製品をリメイクしたコップや照明、古い販促用のポスターなどを配し、細部まで凝ったインテリアだ。

DATA & MAP

君立酒店 Camlux Hotel
香港 九龍灣宏光道15號
+852 2593 2828
www.camluxhotel.com/

MAP → P.157

11

食の道具と雑貨

業務用の調理道具

職人の手仕事から生まれ
プロの調理人が選ぶ

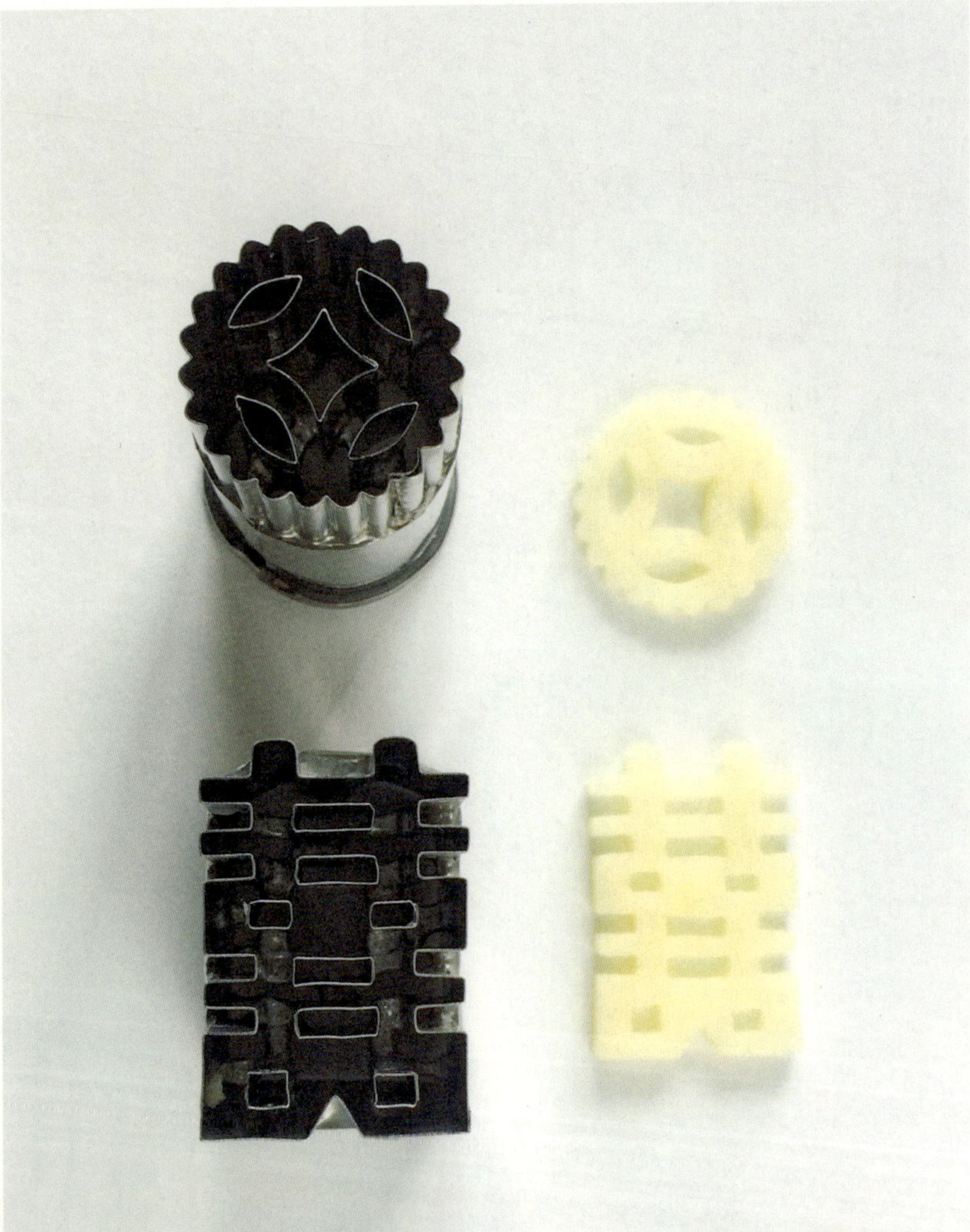

不銹鋼蔬菜水果印模《バァッサウゴンソーツォイソイグォーヤンモウ》

ステンレス製 野菜・果物の抜き型

細かい細工の囍(ダブルハピネス) と古銭の飾り付け用抜き型。どちらも縁起物、お祝い料理のアクセントになる。〈上〉Ø3.2cm 〈下〉W3 L4.5cm/上海街の陳枝記(P.44)で購入。

知っているようで知らないプロの使う
中華調理道具を探し出すのは楽しい。
持ち帰ってからも
ずらっとテーブルに並べて更に満足。
あれやこれやと手こずりながら
使いこなせるようになった頃、
道具に出てくるあじわいも嬉しい。

中式《ツォンセッ》禮《ライ》餅《ベン》・菓子《グォーツィ》餅《ベン》模《モウ》

月餅の木型と中華菓子の木型

中秋の名月に欠かせない手彫りの月餅型とお祝い事用の中華菓子の型。〈左〉L21 W7.5㎝（型部分φ5.7㎝）／香港島西營盤の徳昌森記蒸籠で購入。〈右〉L25.3 W6㎝（型部分 上φ3.8㎝・中3.6㎝角・下L3.5 W3.8㎝）／上海街の萬記砧板(P.105)で購入。

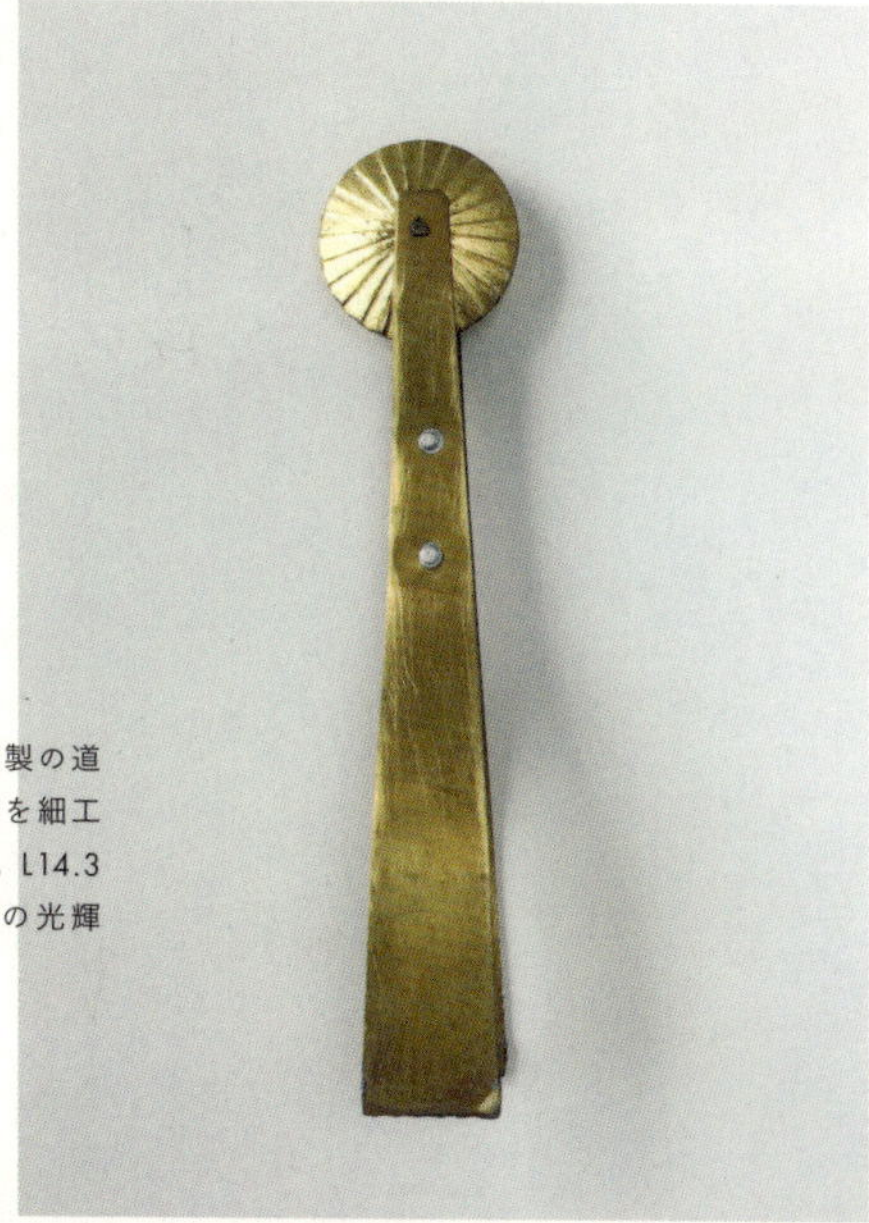

銅花車《トンファーツェー》

中華粉菓子の細工道具

手仕事でしっかりと作られた黄銅製の道具は、甘い小饅頭の表面に花模様を細工するもの。洋菓子作りにも使える。L14.3㎝（車輪部分φ3.5㎝）／上海街の光輝鋼竹蒸籠廚具（P.105）で購入。

12

食の道具と雑貨

豆《ダウ》花《ファ》勺《チョッ》と豆《ダウ》腐《フ》花《ファー》

美味しい豆腐花を崩さず つるんとすくう

◉ 豆花勺 | 豆腐花サービングスプーン

豆花勺は薄く加工されているので豆腐を崩すことなく綺麗にすくえる。豆腐花以外には「すくい豆腐」など和食の道具にも、クスクスのようにポロポロとしたものをサービングするにも向いている。

1988年、九龍油麻地のナイトマーケット。おじさんが自転車の荷台に大きな寸胴を括り付け、引き売りをしていた。思わず近づき、これはなんですか？　とジェスチャーを交え尋ねる。言葉の通じない者同士は目と目で会話をする。まぁ、騙されたと思って食べてみなよ、頭の中におじさんの声がした。

右手に持った勺で白いものをすくい、左手で待ち構えていた碗へスルッと滑り込ませ、透明のどろっとした液体を最後にたっぷりと回しかけた。手渡された碗から口に運ぶのを見届けたおじさんは、うまいだろうと言わんばかりのドヤ顔をする。うまいのかまずいのか、初めて口にする甘い豆腐は不思議な味がした。

いつの頃からか旅行ガイドブックにも紹介されるようになり、あれは豆腐花というものだったのかと納得。それ以降は日本での認知度も高くなり気軽に食べられるようになった。でも、やっぱり自分には最初に食べたあの味がいちばんなのだ。

上／シロップときび砂糖が自由に使える店では、好みの甘さにしている。**下**／市場で勺を使っているのを目の当たりにして単純に感動してしまった。

A 無骨な作りの業務用らしい勺。L20 W8㎝／上環の錦利鋼鐵工程（P.155）で購入。

B 素朴な木の持ち手がついたステンレス製の勺。L17 W8㎝／2004年頃購入。

C 持ち手のない黄銅製の勺。L14 W10.5㎝／上海街の宇宙不銹鋼工程（P.105）で購入。

鋼柄不銹鋼片鴨刀《ゴンベンバァッサウゴンピンンアップドウ》

｜ステンレス柄の鴨用包丁

〈右〉L28㎝（刃幅5㎝・持ち手10㎝）〈左〉ペティナイフ　L21㎝（刃幅3㎝・持ち手9.5㎝）

13

食の道具と雑貨

陳《ツァン》枝《ツィー》記《ゲイ》の中華包丁

オールステンレスで
持ちやすく清潔

かなり前のこと、女性誌の香港特集で料理研究家が陳枝記の北京ダック用の細長い包丁を、使い易い長さにカットしてもらうことを勧めていた。なるほど刃の幅が日本の菜切包丁に似ているのか、最初は一本だけ店舗の奥の作業場で、どのくらい？ このあたり、とお互いジェスチャーを交えて、じゃあこのあたりで、とマジックペンで線を引き、ヴィーンとその場で短くカットしてもらった。

持ち帰った包丁は当時には珍しいオールステンレスで持ちやすく清潔で使いやすい。その後は何本もまとめてカットしてもらい、知人への土産物としていた。ごく最近自分でもそろそろ買い足そうと思いついて、陳枝記のショーケース前へ並ぶ。日本人？ じゃあこれね、と出来合いの包丁をあっさりと手渡される。手間は省けてもどこか物足りないような、腑に落ちないような。以前とはどこか違ってないかと比べてみる。薄刃、サイズ、全く同じ。セミオーダーしていたはずの包丁、長さも同じというのはどういうことだろう、香港商人、侮れないということか。その時、ショーケースの中に小さな包丁を発見、一目惚れしてそれも買ってみた、が、用途は分からない。うちではフルーツナイフとして活躍。どちらもスッとした見事な切れ味の薄刃包丁だ。

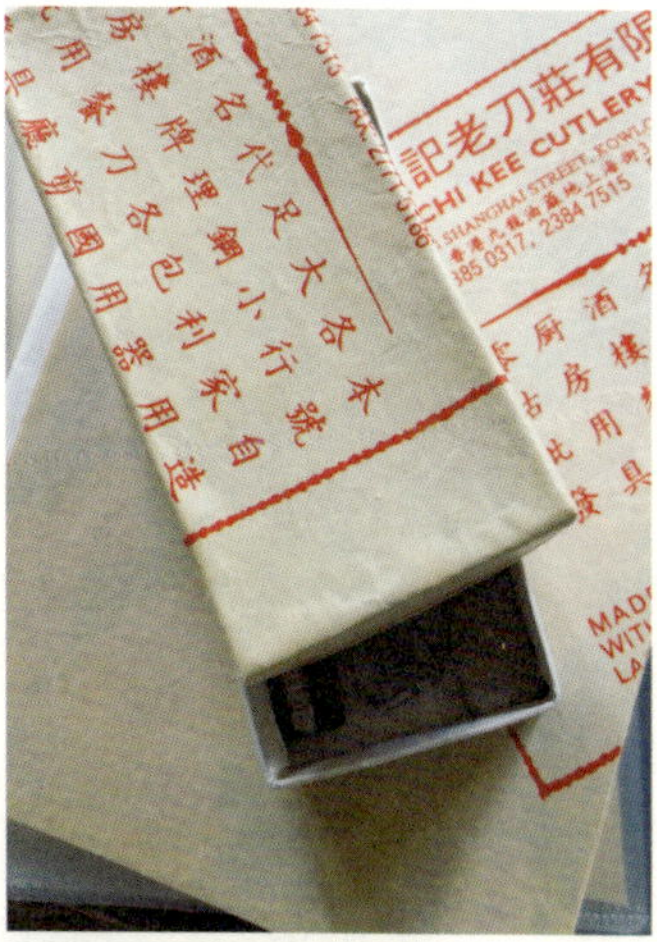

上／赤一色のすっきりとした包装紙。紙質を生かしノートカバーや小箱のリメイクに。**下**／長年にわたり九龍上海街の自社工場で刃物や厨房用品を企画生産する卸と小売の専門店。

路面店から近い場所にある、広東鍋が大量に積み重なった陳枝記のファクトリー。

DATA & MAP

陳枝記老刀莊
Chan Chi Kee Cutlery Co.,Ltd.
香港 九龍上海街316-318 號地下
+852 2385 0317
www.chanchikee.com
MAP→P.156

14

食の道具と雑貨

粤《ユッ》東《ドン》磁《ツィ》廠《ツォン》・手描きの器

一つ一つ丹念に描く特別な磁器工房

小碗《シウウン》

中国磁器の絵柄をモチーフにした、ペニンシュラ香港のウェルカムティーセット用「コーラル・クレスト」と同模様。Ø10 H5㎝

1928年創業の香港で最も古い彩色磁器工房。1個から気軽に選べ、オーダーメイドの絵付けも可能だ。熟練の職人が彩色を施す様子も間近で見学できる貴重な場所。

茶盞《ツァヅァン》｜小さな湯のみ

咲き誇る春先から初夏の花を描いた明るい色調の小ぶりな茶碗。見ているだけでも気持ちが華やぐ。容量60mℓ

茶杯《ツァブイ》｜ティーカップ

坪洲で買った薄手のティーカップによく似た、野花と小さな昆虫を上品に絵付けした、長年ストックされていた器。容量130mℓ

九龍灣にある工場ビルの一室、
積まれた食器を目隠しに熟練の職人が
息を凝らすように一筆一筆、
器に繊細な彩色を施していく。
そこには時間の流れが止まったような
静けさが広がる。
店で手にする器はどれも手描きで
端正に仕上げられた、
ここだけの特別なものばかり。

DATA & MAP

粵東磁廠
Yuet Tung China Works
香港 九龍灣宏開道15號 九龍灣工業中心3樓1-3室
+852 2796 1125
www.porcelainware.com.hk

MAP → P.157

小《シウ》碗《ウン》

コロンとした手のひらサイズ。プリントされたパターン模様の淡いピンク色は気どりがない。柄の色合いが器ごと微妙に違うのはご愛嬌。Ø10 H5.5㎝／香港島正街街市の益記號（P.155）で購入。

15 ノスタルジックな器

食の道具と雑貨

少し前のモダンな模様は
懐かしく愛おしい

小碟子《シウディップツィ》｜小皿

広東省汕頭地区で作られたデッドストックの小皿は金文字とミントブルーの色合いが美しいモダンなデザイン。料理のタレや調味料入れに便利なサイズ。Ø7㎝／香港島正街の小さい食器屋で有名な福成元記で購入。

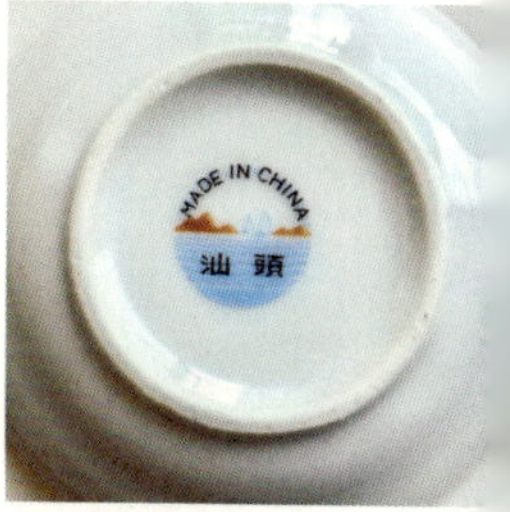

デッドストックから選ぶ、
ほんのわずかだけノスタルジックな器。
今の暮らしに合わせやすい、チャイナすぎない、
モダンでオシャレすぎない、
どこかほっとするパターン模様を手にする。

触ると崩れそうなくらい、ギシギシに積み上げられた食器。

DATA＆MAP

福成元記
香港 西營盤正街
MAP → P.155

湯匙《トーンツィ》 | **れんげ**

あたたかみのある白磁のれんげはどの器とも相性がよい。匙の部分はわずかな尖りがあり、裏側には素朴な目跡が残る。小さいサイズはタレや薬味さじにも使えて便利なので、見つけては買い足す。〈大〉L14cm〈小〉L9.8cm／香港島の陶磁器専門店で購入。

16

食の道具と
雑貨

可憐なれんげ

奥ゆかしさに
緩やかな時代を感じる

先っぽがちょこっととんがって、
蓮の花びらに似た繊細な形のれんげは
古いものに多く、何とも奥ゆかしい。
よく見かけるのは持ち手に
吊るし穴がある丸みを帯びたもの。
自分の小さなこだわりで
ノスタルジックで穴のないレンゲを
探し出しては買い足す。

モダンな色合いの花柄の中央には豊の簡体字「丰」、揃いの碗には四季丰収（四季豊作）の文字、祝い事を想像させる華やかな磁器。L14.2㎝／新界元朗の雞公碗専賣店（P.132）で購入。

花模様が可憐なやや小ぶりなれんげ。プリントや釉薬にあるムラは、質素な中にも緩やかな時代を感じさせる。L12.8㎝／新界大埔墟 新聯什品店（P.103）で購入。

華やかな色合いが美しい粤東磁廠（P.46）で絵付けされた装飾性の高いれんげ。アンティークショップで見かけるような年代物。かすれた印字「YT」は粤東磁廠の頭文字。L12.5㎝

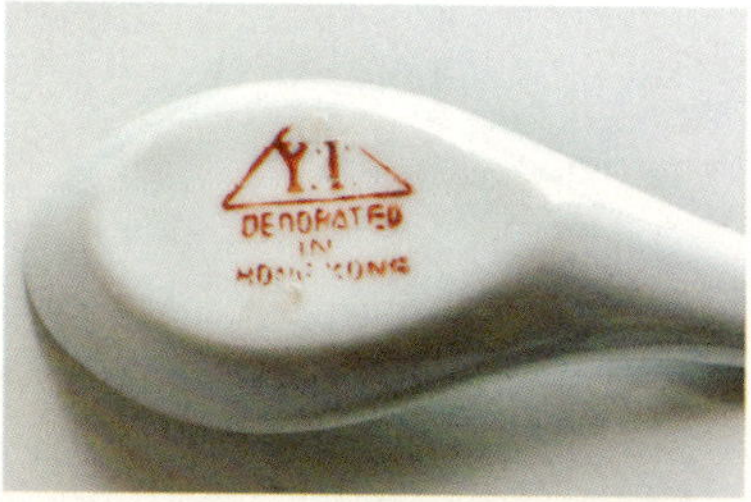

17

食の道具と
雑貨

メラミンの食器

美味しく見えるミントブルー

三聚氣胺餐具《サムツォイツィーンオンツァーンゴイ》｜メラミンの食器

食事には中途半端な時間、食堂でサクッと軽食。注文するとミントブルーのソーサーに港式奶茶（香港式ミルクティー）、煎蛋腸粉（腸粉の卵焼き）は絵付きの白いメラミンプレートで運ばれてきた。

れんげと碗は新界大埔の富善街にある家庭用品店、プレートは香港島上環の朱榮記（P.155）で購入。

メラミン樹脂の食器を持ち帰るなら、
食べ物がすこぶる映えるミントブルーを選ぶ。
朝、コップに港式奶茶、プレートには
牛油多士（バタートースト）と煎蛋（目玉焼き）、
これだけで気分はローカル茶餐廳（食堂）。
あちこちで買い揃えたものはどれも微妙に色調が違い
メーカーもいろいろ、集めるほどに楽しい。

見ているだけで楽しい各メーカーのトレードマーク

A 手に持った時の収まりが良くて持ちやすく、掬いやすいれんげ。L12.5cm

B 応用がきくボウルはいくつ持っていても困らない。Ø11.5 H5.6cm

C 使いやすいデザートサイズはワンプレートや取り皿にも。Ø17.5cm

D エッグタルトやマフィンなどおやつが似合うパン皿。Ø15cm

18

日用品と洋品

家庭用はさみ

こだわりたい　切れ味の良さ

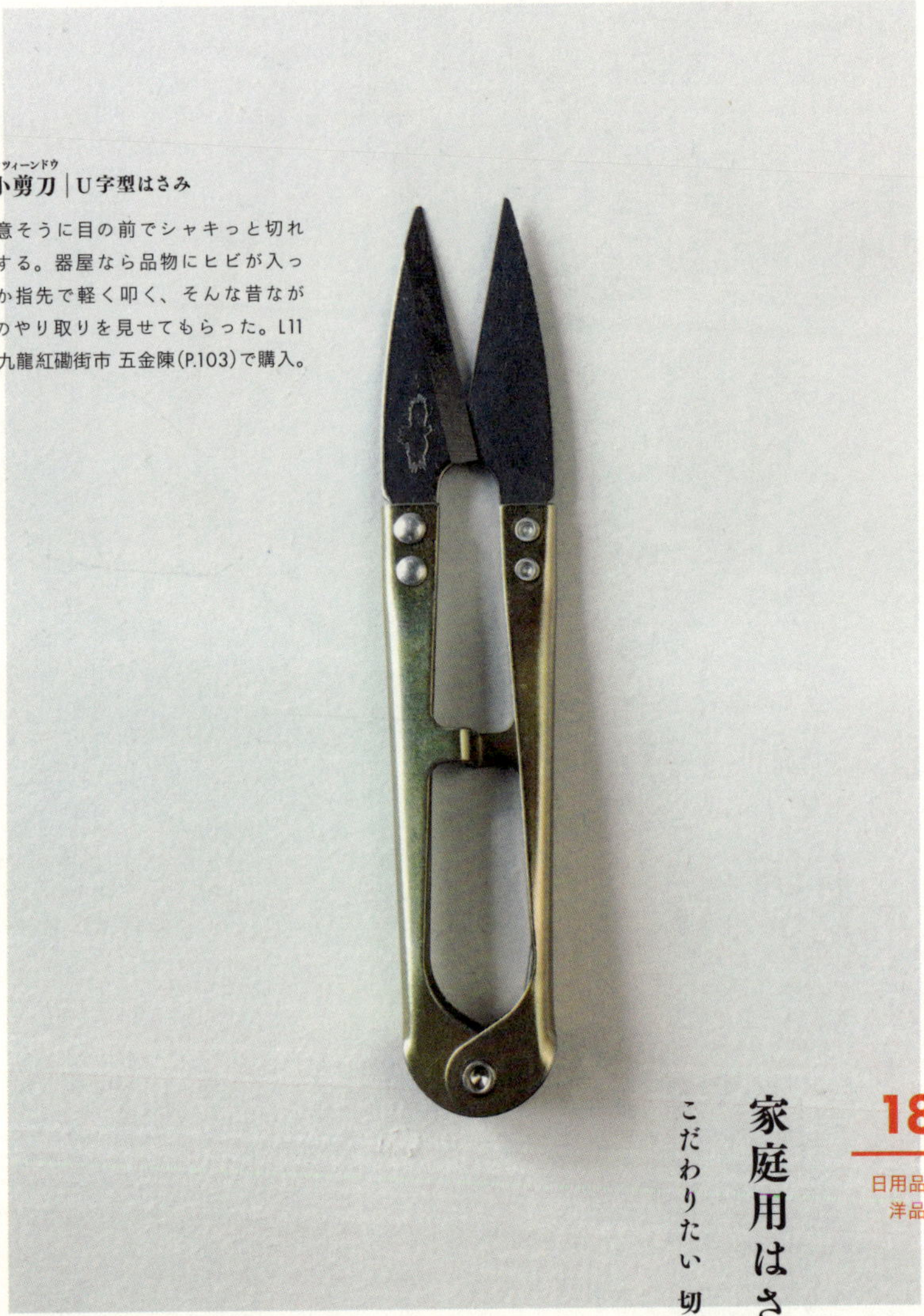

U形小剪刀《ユーインシウツィーンドウ》｜U字型はさみ

店主が得意そうに目の前でシャキっと切れ味を披露する。器屋なら品物にヒビが入っていないか指先で軽く叩く、そんな昔ながらの商いのやり取りを見せてもらった。L11 W2.5cm／九龍紅磡街市 五金陳(P.103)で購入。

九龍紅磡馬頭圍道沿い紅磡街市にある五金陳。家庭用刃物の品揃えが豊富。裁縫道具なども商う。

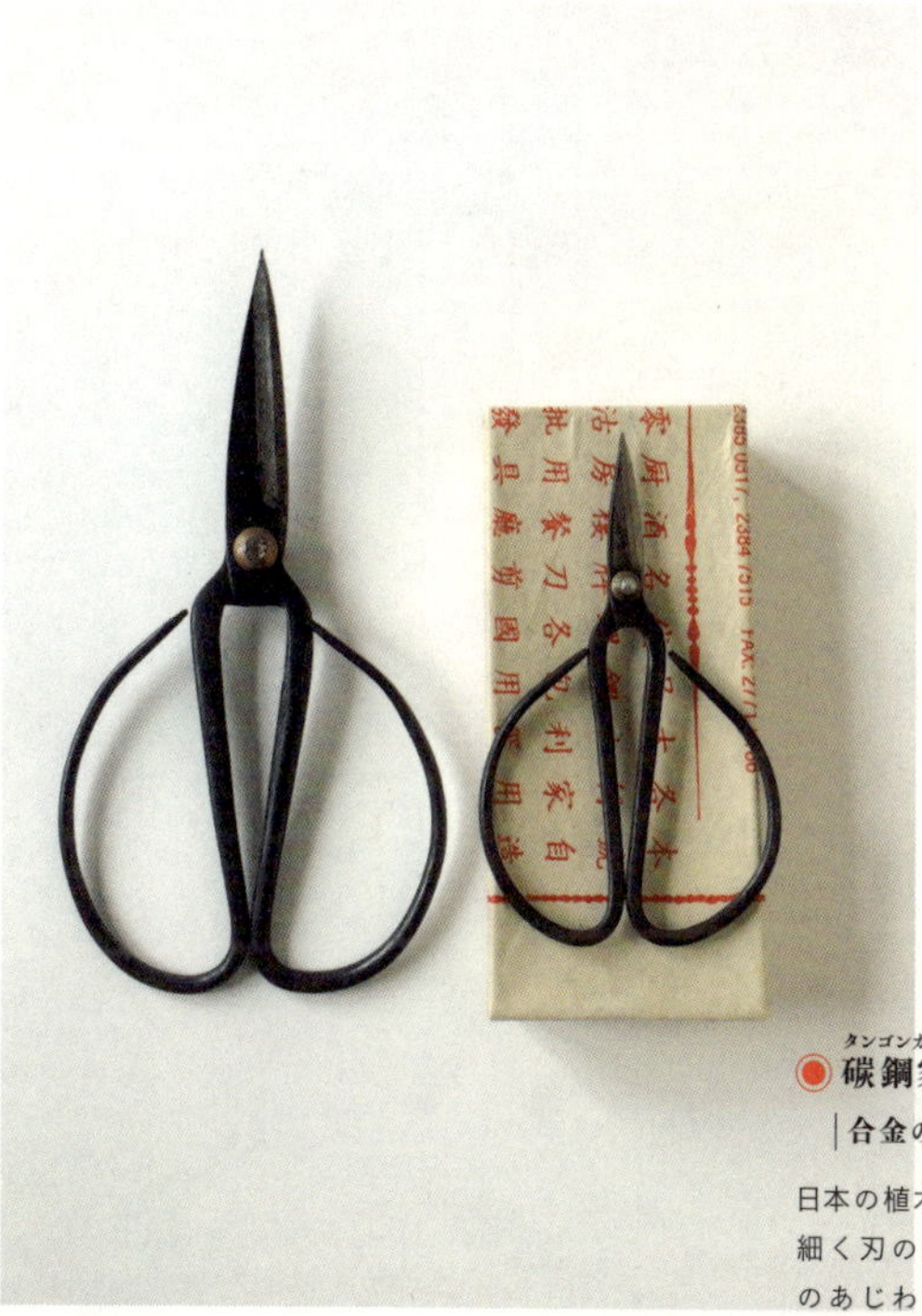

思わず懐かしいと手に取る、
新品なのに使い込んだ温もりや
どこかとぼけた表情があるはさみ。
目立ちすぎず、地味すぎず、手にも暮らしにも
スッと馴染むものを選ぶ。

碳鋼家用剪刀《タンゴンガヨンツィーンドウ》

合金の家庭用はさみ

日本の植木ばさみによく似た形だが持ち手は細く刃の部分は長く鋭い。手仕事ならではのあじわいがある。植木用とは限らずに長く使い続けたい。〈左〉L17 W8.5㎝／上海街（P.104）で購入。〈右〉L10.5 W 6.5㎝／五金陳で購入。

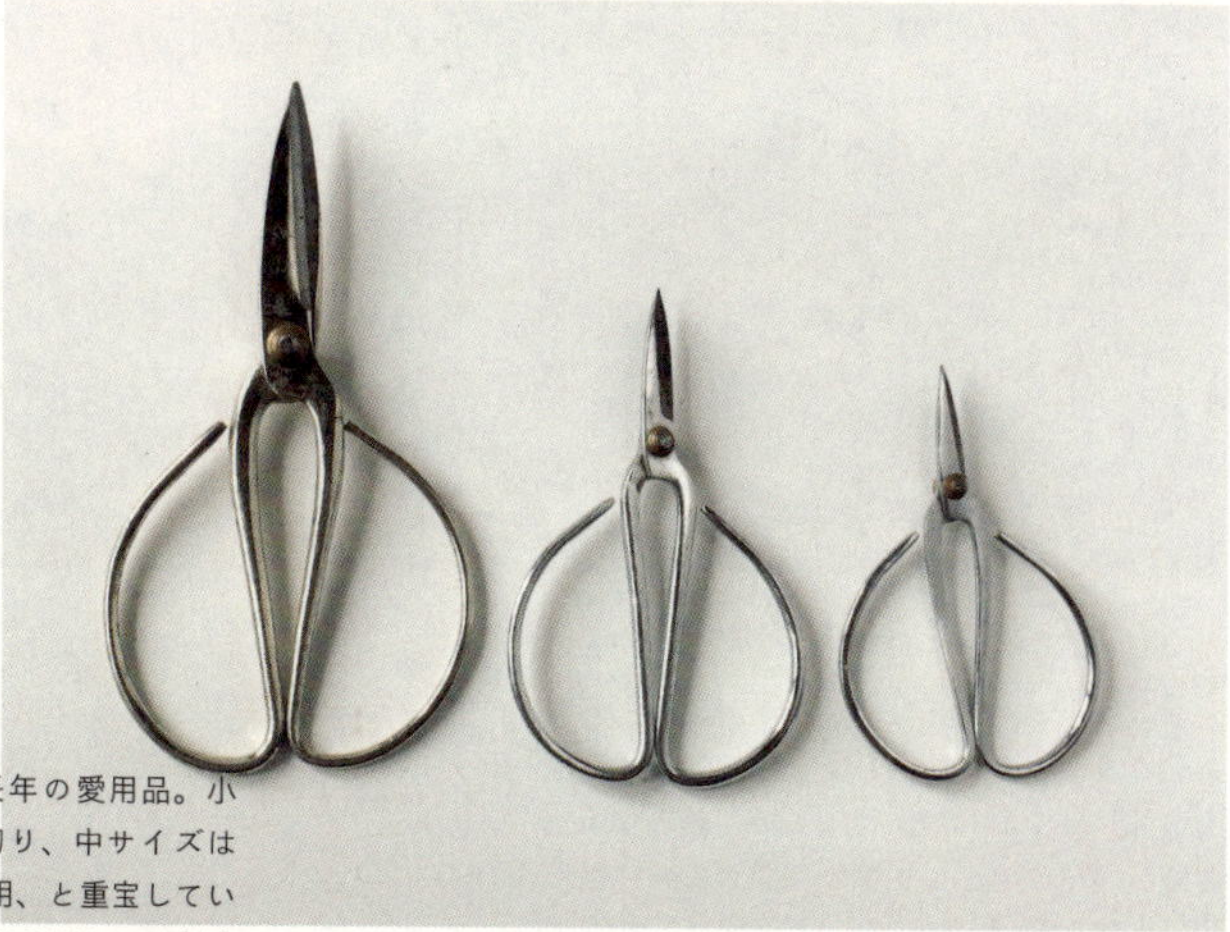

中碳鋼家用剪刀《チュンタンゴンガーヨンツィードウ》

合金の家庭用はさみ

銀色がモダンなはさみは長年の愛用品。小サイズはテープや輪ゴム切り、中サイズは手芸用、大サイズは枝切り用、と重宝している。〈左〉L15 W8㎝〈中〉L10.5 W6.6㎝〈右〉L9 W5.5㎝／1990年頃購入。

白鐵信箱《バッティッソンソゥン》｜トタンの郵便箱

本体が膨らんでいるのはトランクの中で潰れやしないかと心配で、緩衝材を詰め過ぎたから。元には戻らない思い出の初信箱（郵便箱）。家庭用品店（P.102）で買い求めやすい。W18 D3.8 L31㎝／2014年上環の朱榮記（P.155）で購入。

19

日用品と洋品

トタンの郵便箱

古銭模様が目を惹き
軽くて薄く取り付けやすい

見たこともない不思議な形の郵便箱は、厚みがなく軽量で動かしやすい、どうしたわけか縦に長く郵便物が取り出しにくい。正面にはとぼけた楽しさがある、縁起担ぎの小銭模様。郵便箱ひとつにも香港の日常が見え隠れして、心を捉えてやまない。オシャレに塗装されたのもいいけれど、やっぱり素朴なトタン板そのままがいい。

同じように見えても、持ち主それぞれの個性が滲み出る、ドアに取り付けられた信箱。

深水埗 長沙灣道沿いのトタンの信箱やバケツ、ジョウロ、収納ケースを商う作業場兼店舗。わずかなスペースを効率よく作業場にしている。信箱の丸い穴が個性的だった。

20

日用品と
洋品

生活雑貨

あじわいある
いいものを買い集める

羊毛裱畫刷《ヨンモウビウワーツァッ》｜羊毛の表装用刷毛

香辛料店で什器の埃落としに素敵な刷毛を使っているのを目撃。探し出して買い求める。書画などの表装に使う羊毛の刷毛、家では埃取りにしている。〈上〉L15 W6cm〈下〉L15 W12.5cm／香港島堅尼地城の廣發五金（P.155）で購入。

飾りも素っ気もないけれど、あじわいと実用性に優れたもの、
素材の特徴を巧みに操り、魅力的なデザインになったもの、
どれも長い間使われ続け、流行からは少し距離を置く。
そんな暮らしの道具をぼちぼちと買い集めては楽しむ。

油紙扇《ヤウツィーシン》｜油紙の扇

家庭用品店や上海街などで見かける実用品。無骨な作りと儚げに見えるところに惹かれて持ち帰る。植物油で加工された紙は破れにくく、素朴な作りでもしなりに強い。L26cm／堅尼地城の隆盛祥合記（P.103）で購入。

刷子《ツァッツィ》｜ブラシ

店主からはジェスチャーを交えて洋服ブラシと用途を教えてもらった。握った時の安定感と木肌が気持ち良い。ソファーの埃落としにも使いやすい。W5 H3.8 L17cm／堅尼地城の新杜洪記（P.103）で購入。

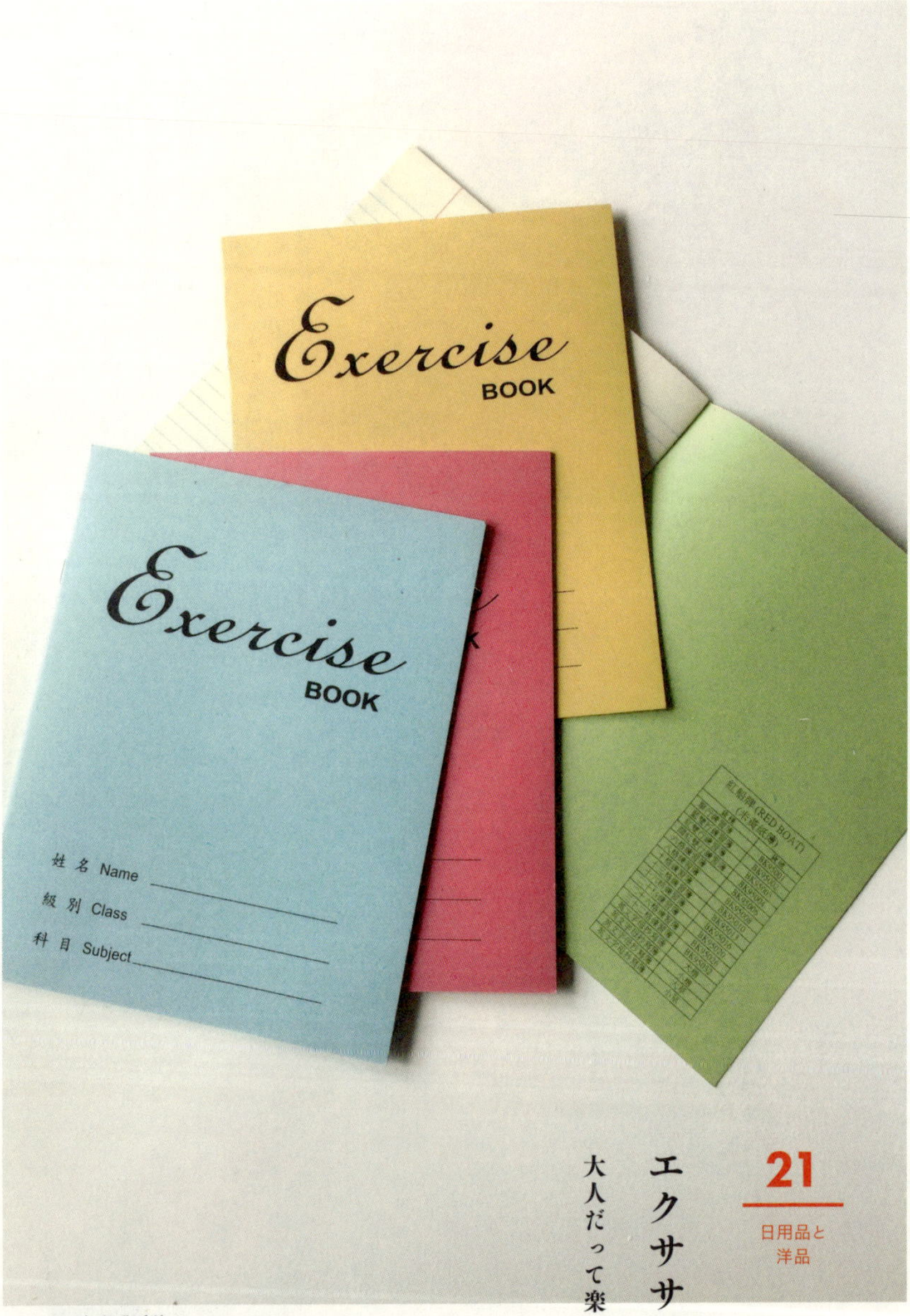

21

日用品と洋品

エクササイズノート

大人だって楽しいこども文具

紅船牌《ホンスンパイ》 練習簿《リンザップボウ》 | ExerciseBOOK

色とりどりの小学生用学習帳、エクササイズノート。内側のノート部分は大小の升目や罫線幅の違いとバリエーションは16種類。英語や漢字の練習に使いやすく作られている。L20.4 W16.5㎝

九龍尖沙咀のオーシャンターミナル近くにあったスーパーマーケット惠康wellcomeでグレイッシュなミントグリーン、オレンジ、ピンク、ウォーターブルーの4色セットのノートを見つけ、少し沈んだ色合いや日本にはない判型、紙質のおもしろさに思わずこの学習帳をまとめ買い。その後、新界元朗でこのノートを全シリーズ取り揃えた文具店を発見。どれを選んでいいのか迷うほどに種類も色も多く、目を見張った。全部で何色あるのだろう。仮に4色として16シリーズで計算すると64種類、ため息が出るほど多いのだ。

裏表紙には九因歌（香港の九九）表なども印刷されていてどこか郷愁を誘う学習帳。表紙のザラッとした手触り、中綴じ32ページのペラっとした薄さ、通常のノートを最後まで使い切れない自分にはぴったり合っている。こども文具は大人だって楽しい。

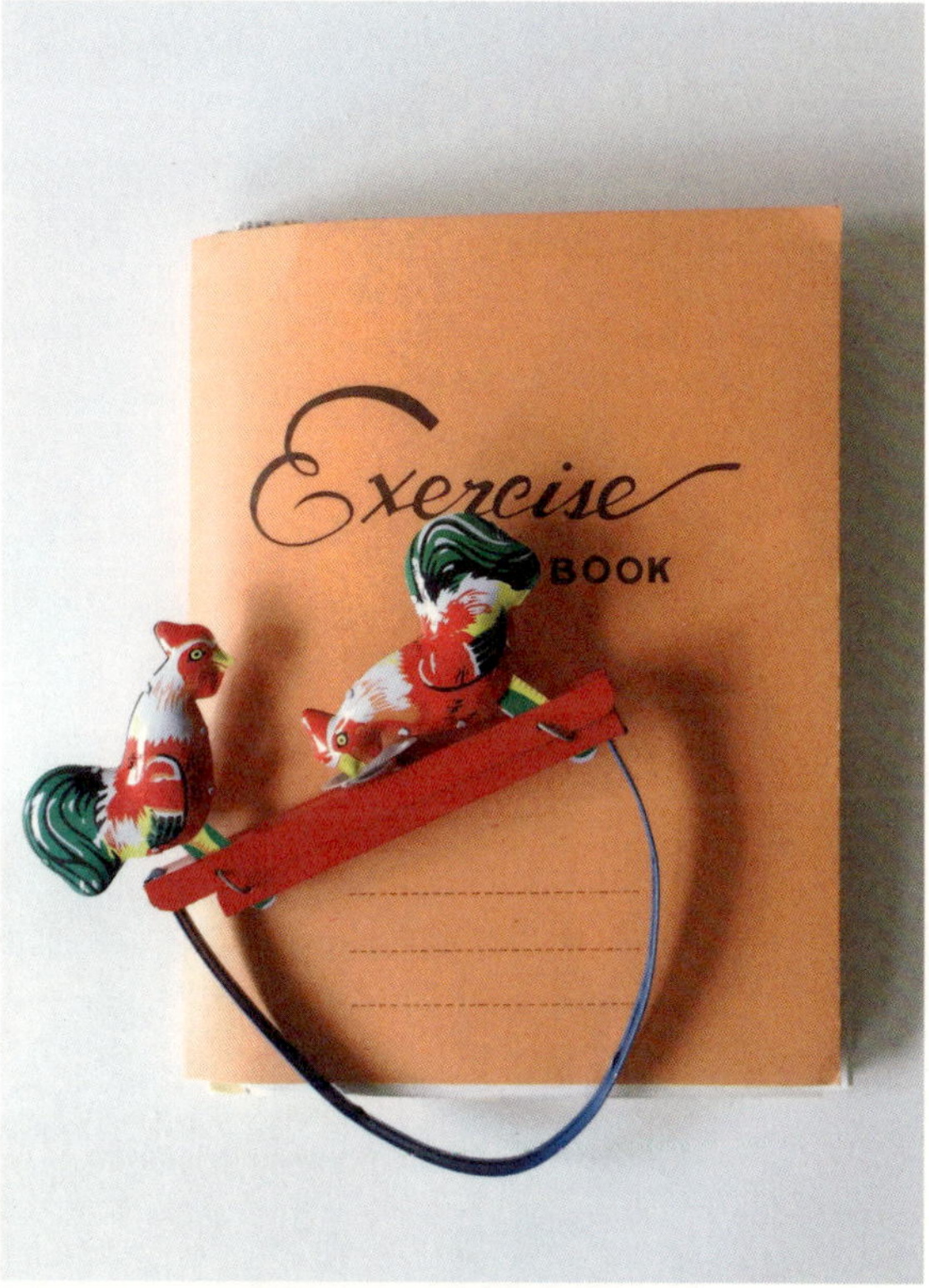

美味しかったもの記録帳として、メニューや店のカードを貼り付けて保存している。

香港の懐かしい小学校の教科書や文房具を見てみたい、と訪ねた舊課本展示室。現在はイベントなどを中心に活動している。
www.facebook.com/oldtextbooks/

22 紙の文房具

日用品と洋品

いつまでも変わらず使える

紅黒硬皮單行簿《ホンハッンガンペイダンホンボウ》

HARD COVER BOOK

メーカーが違っても同じプロダクトデザインでシリーズ展開する中華圏の製品は文房具も例外ではなく、リピートしているつもりが気がつけば微妙に紙質や仕様が違っているので面白い。同じものを探そうと頑張らなくても同じようなものがすぐ揃い、日本の大学ノートのように長く付き合える。手元にあるものは西營盤・柴灣等の文具店で購入。左からW16 L21cm・W10.3 L17.5cm・W8.2 L11cm

中華圏ではおなじみの黒地に赤縁ノートは、しっかりとした装丁が気に入って夫が長年愛用している。何気なく手元に残るいちばん古いものを取り出してみた。ピラっとしたやや繊細な紙質に手仕上げの装丁、実に丁寧な仕事だ。新しいものはどうだろう。同じように見えていたが、紙質は密度の高い純白、光沢のあるカバーはよりしっかりと、マイナーチェンジながら数段上質になっている。

長い間使い続けているが自分たち以外の愛用者を見たことがない。たまたま香港島堅尼地城のホテルスタッフがフロント業務中にこのノートを取り出した時には思わず、やっぱり使っているんだ、と声をかけそうになった。文具店の片隅にひっそり置かれたノートではなく現役バリバリ。さらによく見ると「紅黑硬皮單行簿」はデザインは同じでも製造元はバラバラ、全く気がつかないほどそっくりで驚いた。

九宮格習字簿《ガウゴンガッザップツィボウ》

九角マス目の練習帳

糸綴じのレトロな漢字練習帳。W12.5 L19.5㎝／新界元朗の文具店で購入。

有繩公文袋《ヤウシーンゴンマンドイ》

紐付き書類袋

素朴な紙の書類入れは用途に合わせ種類が多い。紙質、玉ひも、ほのぼのと和む作りにはあれこれと使い方を想像してしまう。新界元朗や香港島西營盤の文具店で購入。

23

日用品と
洋品

身につける木綿

ローカルエリアには
快適な木綿がいっぱい

帆布體操鞋《ファンボウタイツォウハイ》｜帆布の体操シューズ

街市（市場）で見つけた、真っ白な帆布の屋内用体操シューズはピタッと足にフィットして、ふわっとした中敷の感触も気持ちいい。赤い印刷文字もほどよくお洒落な印象。フローリングで足元がひんやりしてくる頃は靴下代わりに履いている。靴底の薄いウラ革は冷えもガードしてくれる。うっすら汚れてきたら軽く洗ってさっぱり乾かす。木綿の生地はますますこなれて履きやすくなってきた。／堅尼地城 士美非路街市（P.107）で購入。

内衣《ノイイー》｜肌着

厳しい夏の暑さ、老舗の高級肌着を扱う利工民で買った木綿の肌着が涼しく快適に過ごせる。街市の洋品店でよく似た質感のランニングシャツを見つけた。手頃な価格が嬉しくて自分用に大人買い。すっきりとした首回りやストンとした形、裾は収まりのいい幅広の折り返し。利工民同様、薄手の木綿は夏の素肌に軽い。〈上〉珊瑚牌 精棉汗布背心（ランニングシャツ）／牛池灣 牛池灣街市（P.107）で購入。〈下〉珊瑚牌 精棉汗布短袖文化衫（半袖シャツ）／堅尼地城 士美非路街市（P.107）で購入。

きっぱり木綿１００％の
昔風の衣類が好き。
家でガラガラ洗って
青空の下、気持ちよく乾いた
さっぱりしたものを身につけたい。
香港のローカルエリアには
昔ながらの木綿がいっぱいだ。

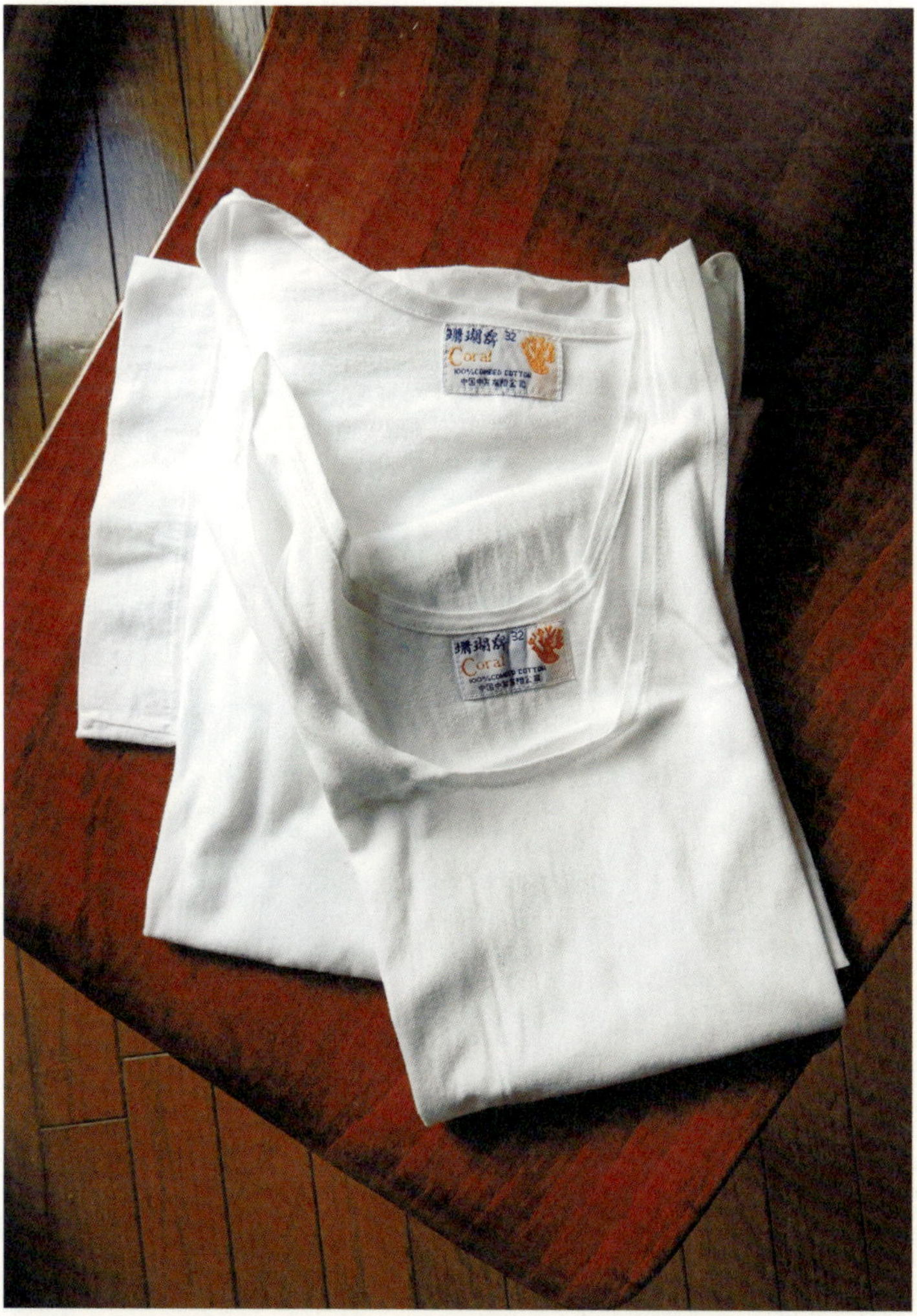

24

日用品と
洋品

汝《ユー》州《ツァウ》街《ガイ》の貝ボタン

問屋の豊富な
種類から選ぶ
美しい細工

貝《ブイ》鈕《ラウ》扣《カウ》 | 貝ボタン

自然の輝きが美しい。オリエンタルなデザインの白蝶貝や黒蝶貝など、種類も豊富。

香港九龍の深水埗から油麻地まで、長沙灣道と茘枝角道に挟まれた何本かの道を欽州街から、その日の気分でぶらぶらっと気ままに歩く。汝州街、基隆街、大南街は柏樹街まで迷うことのない直線。ぼぉっと歩きやすい。生地やビーズ、リボンテープなど、この辺りは東京日暮里の繊維街のような場所だ。

　汝州街にある問屋の店先では目を惹きつける白い貝のボタンをディスプレイしている。気に留めながらもウィンドウを覗いては何度も通り過ぎていた。小売店だったら躊躇なく入ることができるが問屋では扉を開けるだけでも勇気がいる。まあ、とって食われるわけでもなし、いつもいつも気になっているだけではつまらない。えいっとドアを開けた。

　店内の壁一面にカタログを見るような大量のボタン、ちらほら業者が買い付けている、が横には年配の女性もいた、商用には見えない。彼女の様子を窺うと少量のボタンをレジで精算していた。買えるのだ。早速、これでもかと並ぶ商品の中から何個か選び、個数の足らないものは在庫まで調べてもらった。値段表示がなく、多少の不安はあったが計算してもらうと驚くほど安い。繊細で東洋的なデザインの貝ボタンを手持ちのブラウスボタンと付け替えたら生まれ変わる。突如加速するハンドメイド熱のためにも買っておきたい。

DATA & MAP

鴻濤鈕扣行　Hung To Button Company
香港 九龍深水埗汝州街173號地下
+852 2381 5669

MAP → P.156

25

日用品と洋品

汕《サン》頭《タウ》の手刺繍

白い刺繍糸
ひと針に込められた伝統

繍花襯衫《サウファーツァンサーム》｜刺繍のブラウス

中国の旧作映画に出てきそうな、可憐な汕頭刺繍の白いブラウス。春生貿易行（P.155）で購入。

中国の改革開放が始まった1978年頃、日本では中国雑貨ブームがやってきた。女性雑誌はこぞって食器や衣類、生活雑貨を紹介し始め、新しいもの好きを刺激する人民服や功夫靴、チャイナドレス、キッチュな雑貨が街中に出回った。もれなく、自分も色々と買い集め、とりわけノースリーブの汕頭刺繍のブラウスはひと夏、洗っては着るを繰り返した。それもいつのまにか手元にはなく、街中で見かけることもない。以前、刺繍やレースを扱う問屋が軒を並べていた香港島の中環安蘭街はすでに再開発で問屋は消えてしまい、香港でも赤柱マーケットや春生貿易行など限られたところでしか豊富な商品を見ることができない。もう一度、あの時代のあのブラウスに出合いたい。春生貿易行を訪ねてみた。

商品が積み重なる店内、年代物は収納用引出しに収められている。そのケースの底から自分にぴったりの汕頭刺繍のブラウスを見つけた。少しごわつきのあるラミーと呼ばれる麻地のブラウス、袖を通すとチクチクする感覚が蘇る。新品ながら古いもの、シール跡や黄ジミが少々、でもそんなことは気にならない。素朴な白糸の手刺繍やくるみボタン、もう手にすることのできない清貧な魅力に溢れている。

繍花手帕《サウファーサウパァッ》｜刺繍のハンカチ

それぞれに美しく繊細な、中国広東省汕頭地区の手刺繍のハンカチーフ。1988年には中環のレース専門店、近年は赤柱（スタンレー）マーケット・唐氏貿易公司（P.153）で購入。

26

身体のケア用品

和《ウォー》興《ヒーン》白《パッ》花《ファー》油《ヤウ》

香り爽やかで手放せない
わが家の定番

和興白花油｜**ホワイトフラワーオイル**

鼻の調子が悪い時は手軽に鼻の下にちょちょっと、リフレッシュしたい時にはこめかみに。あっという間に爽快だ。効き目の良さや安全性、香りの爽やかさ、どれをとっても満足度が高い。

エンボス加工されたデザインのボトルは4サイズ。パッケージは2色。大から小へ、紺と緑の色分けは容量の違いで内容成分は同じもの。各サイズ、使い分けは自宅用に20mℓと10mℓ、携帯用には5mℓ、2.5mℓはお土産にする。

帰国の搭乗ゲート前、鼻先によく知った匂いが流れてきた。どこの誰かは分からなくても、おお、使ってる、と思わず親近感を抱くのはわが家にも欠かせない和興白花油の匂いだ。この定番製品を作り続けている香港の会社、どんな企業なんだろう、これは是非とも行ってみたい。そんな希望をこころよく引き受けて頂き、白花油國際有限公司の次代を担うGavin Gan 顔清輝さんからお話を聞くことができた。

1927年マレーシアのペナンで、当初は家族や友人へ向けた製品として初代の顔氏によって開発され、35年にシンガポールで白花油を商標登録。53年には香港工展會企業、和興白花油藥廠有限公司へと成長し、品質の良い製品を作る信頼性の高い会社として広く知られるようになった。現在でもそのクオリティを守るために香港自社工場での製造を続けている、ということだ。

幼少時に喘息で咳き込む時には胸のあたりへ塗布してもらったというご自身のほのぼのとしたエピソードを交え、こめかみや首筋の疲れ、虫刺され、鼻詰まりなどへの使い方や効能も教えて頂いた。香港での会社訪問という緊張も、Gavinさんの日本語に慣れた様子や洗練された穏やかな人柄に助けられて肩の力も抜け、有意義な時間を過ごせた。和興白花油はより身近になった。

オフィスの応接室に飾られた古い工場の写真。

DATA & MAP

白花油國際有限公司
Pak Fah Yeow International Limited
和興白花油藥廠有限公司
Hoe Hin Pak Fah Yeow Manufactory Limited
www.whiteflower.com

27

身体の
ケア用品

香港の匂い

ほんわり甘い東洋的な香り

初めての出合いは薬局のショーケース。双子姉妹が描かれた古風なラベルと先の長い細口ボトルは見たこともなく、フロリダウォーターも聞いたことがなかった。そんな疑問さえ今となっては懐かしい。わが家は今でもフロリダウォーターを補充し続けている。今日は少し疲れたという時、アロマオイルの代わりに身体につけるとほんわりとリラックスする。甘い、癖になる香りは心地よい。部屋の芳香剤としてもお勧めできる。

花露水《ファーロウソイ》 | フロリダウォーター

主成分はハッカ油・ラベンダー油・ベルガモット油・シナモン油・クローブ油・蒸留水・アルコール。内容量200mℓ・15mℓ

DATA & MAP

1898年創業の廣生堂はフロリダウォーターに代表される香港初のローカルコスメブランド。品質と価格、顧客重視にこだわり、現在もその人気は変わらない。

廣生堂　雙妹嚜
TWO GIRLs
香港 銅鑼灣記利佐治街2-10號
銅鑼灣地帶283號舖
+852 2504 1811
www.twogirls.hk

MAP → P.154

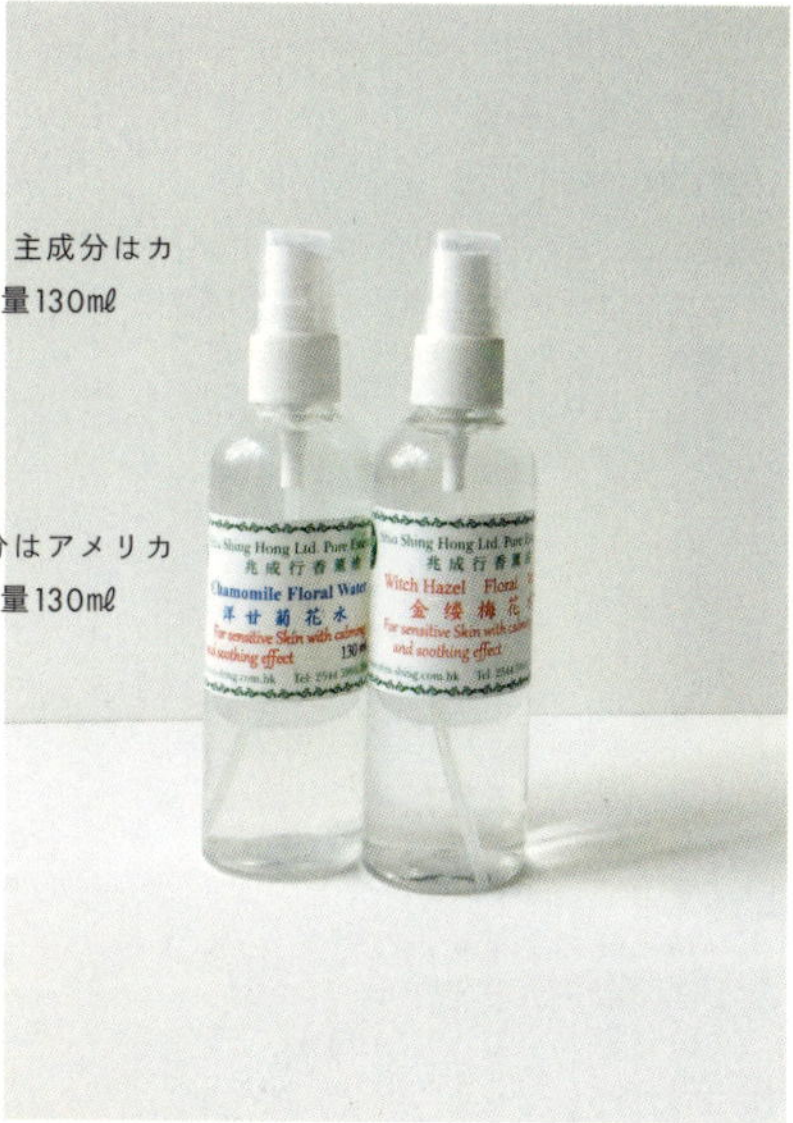

洋甘菊花水《ヨンガムゴッファーソイ》（左）

カモミール肌水

炎症やかゆみにも良い。主成分はカモミール・蒸留水。内容量130ml

金缕梅花水《ガムラウムイファーソイ》（右）

アメリカマンサク肌水

収れん用の肌水。主成分はアメリカマンサク・蒸留水。内容量130ml

DATA & MAP

50年以上の歴史をもつ香油、工業用染料、乾燥剤などの卸と小売の専門店。フランスや日本などへの輸出も手がけている。

兆成行 SHIU SHING HONG LTD.
香港 上環蘇杭街 130A 地舗
+852 2544 5964
www.shiu-shing.com.hk

MAP → P.155

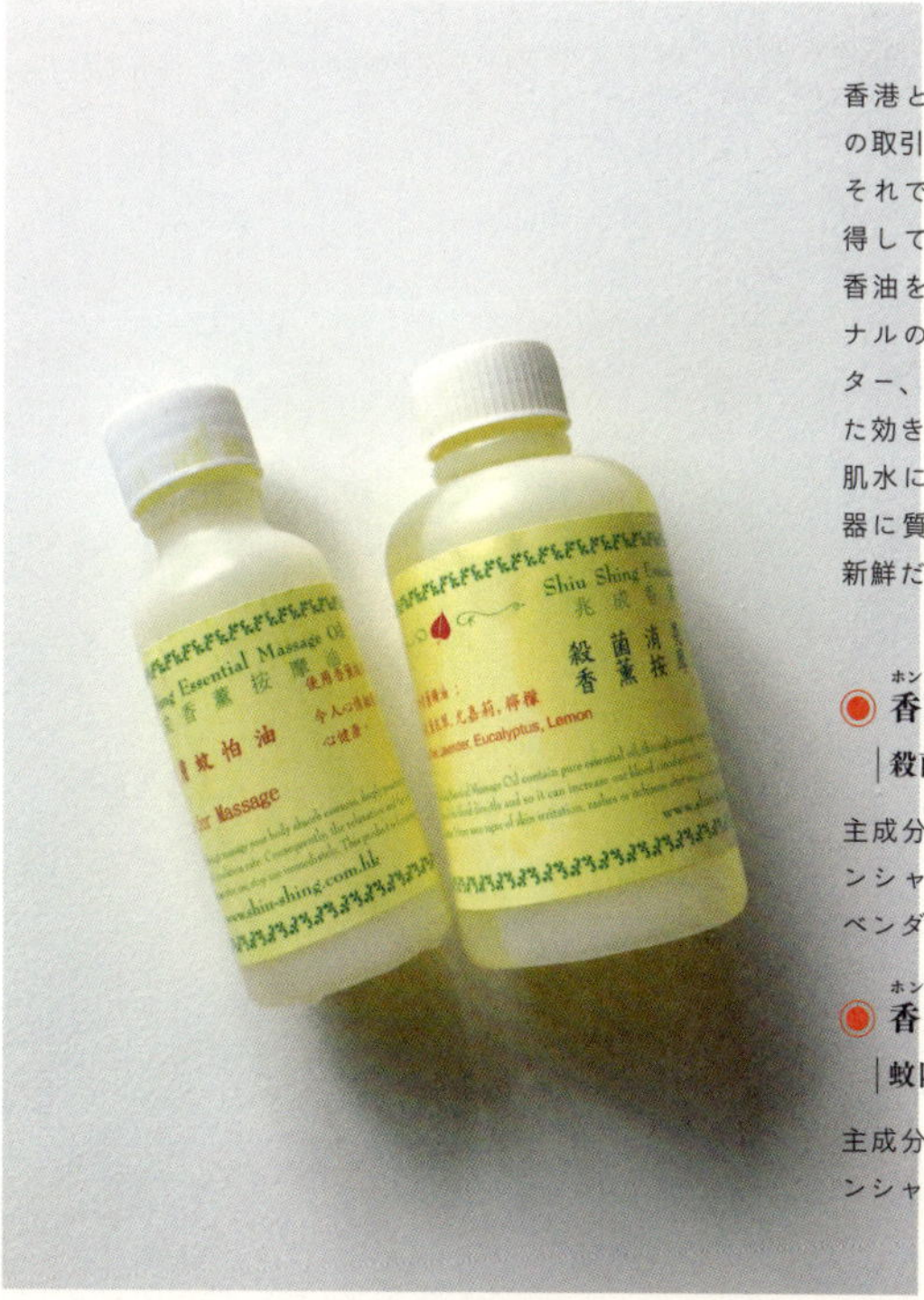

香港という地名について諸説ある中、香木の取引港という説がいちばん気に入っている。それで香辛料専門店や漢方薬店が多いと納得しているのだが、兆成行のように路面で香油を扱う問屋は珍しい。店内にはオリジナルのマッサージオイルやフラワーウォーター、精油の瓶がひしめいている。持ち帰った効き目の良い蚊除けオイルと優しい香りの肌水には随分と助けられている。素朴な容器に質の良い香り、繁体字表記のラベルも新鮮だ。

香薰按摩潤膚油《ホンファンオンモーヨンフーヤウ》（右）

殺菌炎症用マッサージオイル

主成分はマッサージオイル・エッセンシャルオイル（ティーツリー・ラベンダー・レモン他）。

香茅潤膚蚊怕油《ホンマウヨンフーマンパヤウ》（左）

蚊除けオイル

主成分はマッサージオイル・エッセンシャルオイル（シトロネラ）。

身体をいたわるもの

気軽に買える
香りや効き目のいいもの

28
身体の
ケア用品

嶺南萬應止痛膏《リーンナムマンイングツィトンゴウ》

ULTRA BALM

筋肉疲労の回復に効果が高い消炎万能薬。主成分は冬青油（サリチル酸メチル）・薄荷油・白樟脳油。のびやかでベタつきが少なく匂いは強め。内容量70g／アジアで最大のドラッグストア展開をするWatsons屈臣氏で購入。

虎標萬金油《フビウマンガムヤウ》（紅）

TIGER BALM RED

500円玉程度の大きさで携帯に便利な缶入り。シナモンや薄荷、クローブなどの天然油を主成分にした外用薬。肩こり、鼻づまり、虫刺されに。 内容量4g／Watsons屈臣氏で購入。

滞在先近くの薬局やスーパー、ドラッグストアで気軽に買え、日本では見かけない肩こり薬や欧米のボディケア製品。効き目のいいもの、使い心地よく香りのいいもの、どれもこれもトランクに詰め込んで持ち帰る。

虎標頸肩舒《フビウゲンギーンスゥー》 特強配方《ダッキョンプイフォン》（左）

TIGER BALM NECK & SHOULDER RUB BOOST

虎標頸肩舒（右）

TIGER BALM NECK & SHOULDER RUB

クリーム状で肌馴染みの良い首肩専用の疲労回復マッサージクリーム。スキッとしたハッカの匂いに特徴がある。オイル不使用。内容量各50g／PARKnSHOP（P.109）・Watsons 屈臣氏で購入。

香皂《ホンツォウ》

LE PETIT MARSEILLAIS（化粧石鹸）

フランス製の香り立つ石鹸はさっぱりとした使い心地。ボーダーシャツ姿のロゴマークが可愛い。100%植物油。オレンジフローラルの香り100g×4個セット。／Fusion by PARKnSHOP（P.109）で購入。

嬰《イン》兒《イ》潤膚《ヨンフー》護《ウ》體霜《タイソゥン》

Waitrose baby body butter

英国ウェイトローズ社のベビーケア。クリーミーでベタつきが残らない、甘いバニラの香りのベビークリーム。主成分はオリーブオイル・フラワーオイル。バニラとカモミールの香り。内容量100㎖／香港島薄扶林置富花園のPARKnSHOPで購入。

香港島の坂道、上り続けて疲労困憊、ここで一息と声をかけられた、キリンのウォールアート。

兄さん、今日はどんな髪型にしようか。路地の
隙間で営業中の床屋さん、話術も腕のうち。

グーンと竹をしならせながら、一本一本、組みあげた竹の足場はアートパフォーマンス。

新界大埔墟で見かけた、ふんわり甘い生サトウキビジュース。ペットボトル入りに時代を感じる。

命綱一本を背負い、身体を張って竹の足場を組み上げる様が頼もしい職人達。

街中で見かける、昔ながらの香港アコーディオン式シャッター、一度は開け閉めしてみたい。

長い間、置き去りにされたような脚立を紅磡の工業ビルで見かけた。古い映画のセットのようだ。

老舗の新装開店で初めて見た伝統的な儀式。獅子舞や豚の丸焼き、一族総出で晴れがましい様子。

寺院に住み着いたのか、飼い猫なのか、纏わり
付いて離れず、別れが名残り惜しかった猫。

車も入ってこない、プライベートな路地裏。生
活を支える舞台裏には香港の魅力が見え隠れする。

竹ざるにざっと並べられた、中国式餅店（中国菓子店）の出来立て紅豆焼餅。つまみ食いしそうになる甘い誘惑。

29

食品

香港乾麵

家でも食べたい、
味わいと歯ごたえの麵

港式乾麵《ゴンシッゴーンミン》 | 香港乾麵

乾麵の専門店では、小麦粉に蝦子(エビの卵)、瑤柱（貝柱)、蛋（卵）などの味付けでこね上げた太麵や細麵がある。一個から量り売りしており、少量ずつ種類を沢山買える。

ここは香港、どこへ行けばいいのか迷うほど麺専家と呼ばれる麺料理の食堂がある。いつでもサクッと食べられ、一杯の量も丁度いい。有名店から滞在地近くのローカル店まで訪ねるたびに食べ歩く。かんすいの入った縮れ細麺やごま油をしっかり練り込んだ麺、手打ちでコシのある麺、それぞれに個性があり、どれも美味しい。家でも作ってみたい。それなら本場の乾麺を街に数ある専門店から買うのがいい。太さは細いもの、幅広のものと大きく分かれ、一方、味の種類は競うように多い。蝦、魚、蛋（卵）、番茄（トマト）などから味のないものまで、それに等級も付くので店先ではいつも目が回る。とりあえず気になった乾麺を買うことにしているが失敗はない。種類が多くても調理はほぼ同じ要領、茹で時間は熱湯で一分半、乾麺の玉が緩くなったら優しくほぐすだけだ。撈麺（汁なし麺）だったら茹で上げをXO醤や香味野菜で仕上げるのもいい。鶏がらスープを合わせれば簡単に美味しい湯麺になる。黄ニラや香菜、新生姜をアクセントに加えてもいい。味付きの蝦子麺はサッと茹でて汁ごとインスタントラーメン風。思いつくまま、気が向くままにアレンジする。

香港島中環卑利街にある勤記粉麵廠（P.155）の乾麺は繊細で油分が少ない。

有記粉麵廠（P.90）のトマト乾麺は硬めでとぼけたまん丸型。

持ち帰った乾麺と瓶詰めの蝦子でササっと作った撈麺（汁なし麺）。麺は固めに茹であげ、蝦子をふりかける。茹でる時に植物油を少量入れると麺をほぐしやすく、食べやすい。

30

食品

有《ヤウ》記《ゲイ》の頂《ディング》級《カップ》蝦《ハ》子《ツィ》

濃厚な匂いがたまらない
エビの卵

頂級蝦子｜乾燥エビ卵

乾燥させた蝦の卵がぎっしり入った香港仔ならではの一瓶。〈大〉65g〈小〉28g

地下鉄堅尼地城駅前のロータリーから漁港の香港仔までひとっ飛び、ビュンビュンかっ飛ばすミニバスに揺られてあっという間に到着。ここはいつも賑わい、ワクワク探索せずにはいられない街。小さな繁華街に街市(市場)、花屋、果物屋、パン屋、小さなショッピングモールがひと通り揃っている。

縦横ランダムに歩くといつも買い物客で賑わっている売店がある。そこは創業六十年を超える麺専門店の有記粉麺廠、お気に入りの店だ。種類も多く、蝦子麺だけでも星級、頂級、特級、と等級分けされているので、欲しいものはメモ書きで手渡すと買いやすい。

乾麺以外に絶対忘れてはいけないものがある。自家製蝦子粉。麺にツブツブの蝦子を振りかけた時、ブアッと広がる新鮮で強い匂いは食欲をそそり、リピートするほど気に入っている。カッチと蓋をまわし、たっぷりと好きなだけ麺にふりかける贅沢。大蒜を効かせたパスタやジャガイモ料理とも相性がいい。

少し残念なのは香港らしい、赤い簡素な蓋が立派な金色のものに変わってしまったこと。でも肝心の中身が変わったわけではないので文句も言えない。

DATA & MAP

香港仔に本店と工場を持つ、創業60年を超える麺製造業。自家製調味料も人気商品。

有記粉麺廠

YAU KEE NOODLES

香港 香港仔大道171號金豐大廈地下N舗

+852 2518 8309

www.yaukee.hk/

MAP→P.155

31

食品

滋味深い豉《シ》油《ヤウ》

とろっとしたコクと旨味の醤油

八珍特級生抽王《バァッツァンダッカップサーンツァウウオン》｜生醤油

焼き餅にも合いそうな、キレと味わいのある醤油。原材料は黄豆（大豆）・小麦・塩・水。内容量は300・620mℓの２種類。

八珍醤園は香港内に旺角旗艦店を含む4店舗を展開。その1軒、油麻地専門店の店内。

DATA & MAP

1932年、旺角で食品雑貨店として始まった。調味料や香辛料の品揃えも豊富。

八珍　PATCHUN 油麻地専門店
香港 九龍油麻地新填地街148號
+852 2384 8544
www.patchun.com/

MAP → P.156

黒い炒飯、蓮の葉包みのおこわ、馬拉糕（マーラーカオ）から腸粉まで日本同様、香港の食卓に欠かせないのは豉油（醤油）。その種類は生抽（生醤油）と老抽（濃口醤油）の二つ、それぞれ特級、金牌など、店ごとに様々な表現で等級分けをしている。香港で買った醤油を使うと、発酵する環境や材料の違いもあるのか、出来上がった料理のコクや風味はより香港の味に近くなり、たまらなく美味しくなる。

同じ生抽でも醤園（調味料店）の老舗、九龍醤園と八珍醤園ではそれぞれ味が違うので、特徴を掴んで使い分けることをお勧めしたい。

とろっとしてコクがある九龍醤園の「生抽皇」はそのまま大根餅にかけたり、煮込み料理によく、キリッとした八珍の「生抽王」はドレッシングに加えたり、炒めそばによい。またそれぞれをブレンドして合わせ味噌のように使っても料理にいっそう深みが出る。

東坡肉には色よく、見た目ほど塩辛くならない甘口でコクのある老抽豉油が合う。

九龍醤園金牌生抽皇《ガウロンジョゥンユンガムパイサーンツァウウオン》（右）｜**生醤油**

原材料は黄豆・小麦・塩・水。内容量は125〜650mℓ

九龍醤園金牌抽油皇《ツァウヤウウオン》（左）｜**甘い濃口醤油**

原材料は黄豆・小麦・塩・糖・水。内容量は125〜655mℓ

DATA & MAP

1917年創業の老舗中国調味料店。
古式製法の醤油は広東料理に欠かせない。

九龍醤園　Kowloon soy company Ltd.
香港 中環嘉咸街9號地下
+852 2544 3697
www.kowloonsoy.com/

MAP→P.155

32

食品

余《ユ》均《グァン》益《イッグ》の辣《ラッ》椒《ジーウ》醬《ジョウン》

すっぱ辛くて
ほんのり甘いチリソース

辣椒醬 | チリソース

ピリッとした辛さの中に、ほんのり自然な甘さと酸味を感じる自家製チリソース。原材料は酢・さつま芋・唐辛子・塩・ピーナツオイル・ニンニク。 内容量は100・250gの2種類。

評判の高級レストランもランチの時間帯ならば多少の贅沢ができる。真っ白いクロスの掛かった丸テーブルに、注文した出来立ての點心（点心）が運ばれる。同時に無言で豆皿に入った鮮やかなオレンジ色のソースも置かれた。二十年前のことだ。初めて出合ったこのチリソースはすっぱ辛いは同じでも、タバスコやタイのものとは違う、ほんのりと甘い記憶に残る不思議な辛さだった。

色々と見聞きするうちに、あれは西營盤にある余均益の辣椒醤だったかもしれないと思い始める。2016年、香港島の坂道を上がり、当時、第二街にあった店舗を訪ねた。店の陳列棚には辣椒醤や古式豆豉醤などの調味料がショールームのように並べられ、さすがは老舗と少々緊張するほど整然としていた。

まずはお目当ての辣椒醤の大きい瓶を持ち帰った。これは予想通りのあの味だろうか、楽しみに蓋を開け、ほんの少しだけ口に含む。そうそう、この味、すっぱ甘いクセになる旨味のある辛さ、やっとあのチリソースに出合えたのだ。點心は勿論、ドレッシングやスープの隠し味にもよい。気が付けばあっという間に使い切っていた。

上／使い切った瓶底に余均益の文字がおまけのように現れるのも嬉しい。**下**／魚介類のスープに隠し味として使えば辛みも程よく臭み取りにもなる。

DATA & MAP

1922年創業。香港で製造の自家製辣椒醤で有名な老舗調味料店。

余均益食品廠有限公司　Yu Kwen Yick
香港 西營盤第三街66A
+852 2568 8007
www.yukwenyick.com.hk/

MAP → P.155

33

食品

大《ダイ》孖《マー》醬《ジョウン》料《リュウ》の原《ユン》腐《フ》乳《ユー》

独特の旨味がクセになる
麹で発酵した豆腐

DATA & MAP

大孖醬料 Tai Ma Sauce
香港 九龍觀塘崇仁街33號地下
+852 2342 6378
www.taimasauce.com

MAP → P.157

何度も訪港しながら通い慣れた醤園（調味料店）ばかりではつまらない。新規開拓、九龍觀塘の大孖醤料へ向かった。瑞和街街市の裏手にある間口の小さい店の前へ立つと壁面いっぱいにドンと積み上げられた腐乳が目に飛び込んできた。有名店のものをお土産に頂く機会は多いが、自分で腐乳を買って帰ることはなかった。ここでは強烈なアピールを受け、最初は原腐乳を手に取った。それ以外で気になった調味料もあれやこれや覗いては尋ね、狭い通路を地元の客が次から次へと入れ替わる間、気のいいおかみさんに辛抱強く相手をしてもらう。ローカル店は買い物だけではなく店の人との触れ合いも楽しい。

　肝心の原腐乳は豆腐の味わいと旨味が強く、余分なものは一切入っていない。やや塩気があるので、このままほんのわずかをお酒のアテにしても、簡単に胡瓜とからめても美味しい。原腐乳以外には辣腐乳が二種類、今後のお楽しみにしている。他にも興味をそそる調味料があるので、次回はゆっくり訪ねたい。

原腐乳 | **プレーン腐乳**

豆腐を麹と塩水で漬け込み発酵させた食品。原材料は豆腐・食塩・麹・胡麻油。内容量270g

新界流浮山にある有名店、汝記の無添加オイスターソースも扱っている。内容量500g

南陵金巻特製奄香料《ナムリグガムグーンダッツァイイップホンリウ》｜金巻オリジナルマリネ用スパイス

素材を引き立てるスパイスがブレンドされている。野菜炒め、肉や魚料理にも合わせやすい。あまりにも簡単に味がきまるのでリピートし続けている。原材料はコリアンダー・ガーリック・黒胡椒・オレガノ他。 内容量75g

34

食品

香辛料と乾物

世界中から集まる香り豊かな「美味しい」を見つける

DATA & MAP

南Y島の海産物とオリジナル調味料の専門店。ピリッと辛い豆豉ミックスもお勧め。

南陵金巻食品
香港 南Y島榕樹灣大街32號A地下
+852 2982 0812

MAP → P.153

東京ではほんの少し前だったら手に入れることが難しかった乾物や調味料も、一般的な食品店やスーパーで見かけるようになり、中国食品専門店も増えてきた。必要であればさほど不自由は感じない。香港で見つけるなら、そこにしかない「美味しい」に出合いたい。世界有数の貿易港はアジアや欧米諸国から集まったあらゆる食べもので溢れかえっている。目利きがその中から選りすぐる、香り豊かな香辛料や自家製調味料。食いしんぼうの街は客も目利き。美味しいが当たり前のところで自分の美味しいを見つける。

city'super のスパイス

たっぷり入って値段も手頃なオリジナルスパイス。自宅の定番として補充し続けている。(P.109)

蝦米《ハマイ》・瑤柱《イユチュ》

|小さい干しエビ・小さい干し貝柱

量も質も香港がお買い得。自家製XO醤も夢じゃない。西環の乾物屋で購入。各約300g

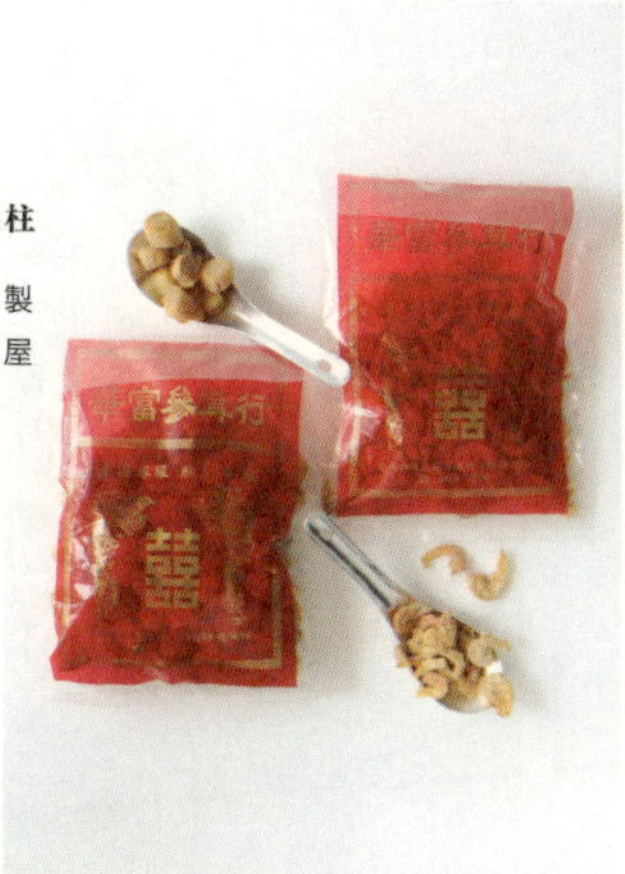

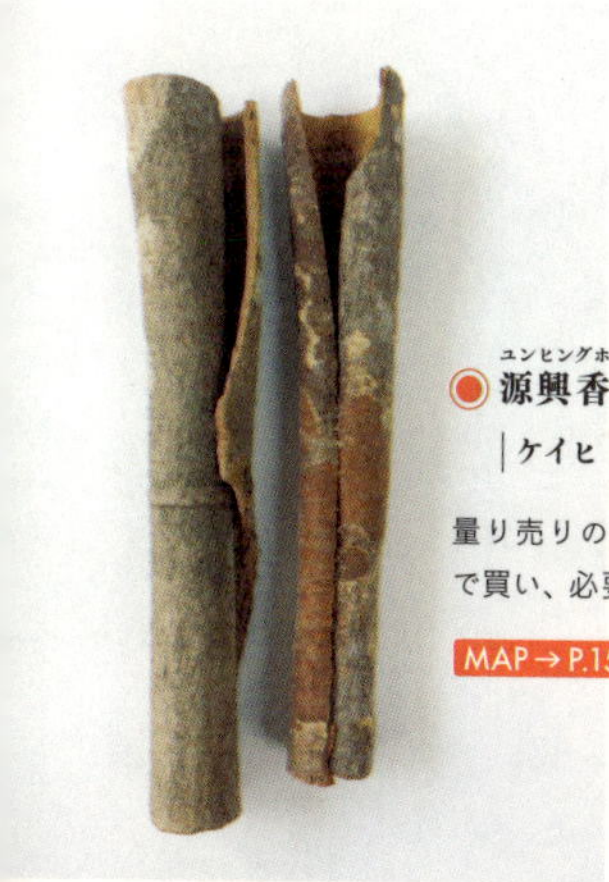

源興香料公司《ユンヒングホンリウゴンシ》の桂皮《グァイペイ》

|ケイヒ

量り売りの桂皮をどーんと枝のままで買い、必要な大きさに割って使う。

MAP → P.155

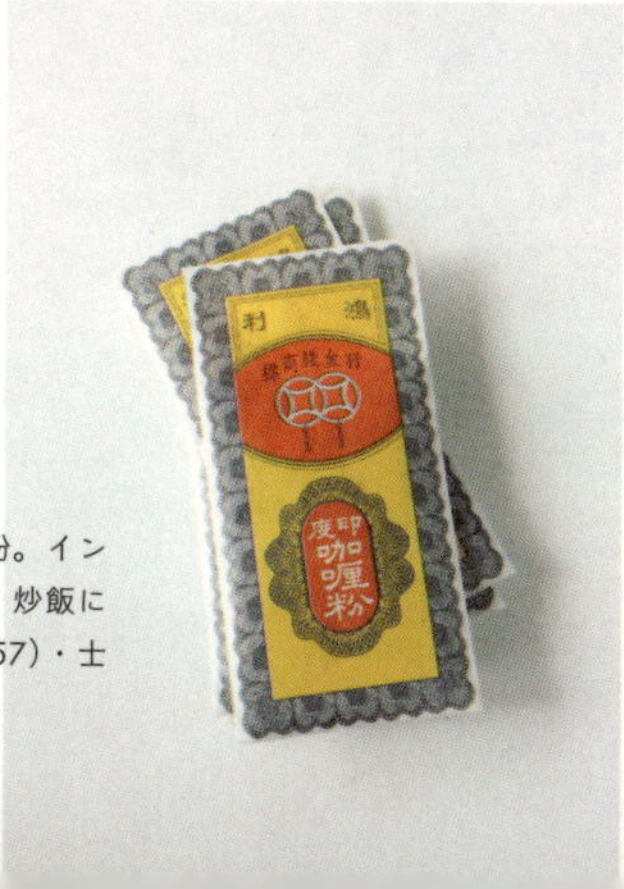

鴻利《ホンレイ》の印度咖哩粉《ヤンドウガレイファン》

|インドカレー粉

スパイシーで辛口のカレー粉。インド風のカレーや星州炒米粉、炒飯に合う。各8g/樂富街市(P.157)・士美非路街市(P.107)で購入。

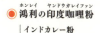

正山小種《ツィンサンシウツォン》｜中国紅茶

ラプサンスーチョンと呼ばれる中国紅茶。
やや癖のある果実味のある味わい。

DATA & MAP

堅尼地城の老舗。主力の普洱茶を含め茶葉の種類が豊富、少量の量り売りも可能。

奇香村茶行
Kee Heung Chun Tea Company
香港 西環卑路乍街30A
+852 2817 7649
www.khc-tea.com

MAP → P.155

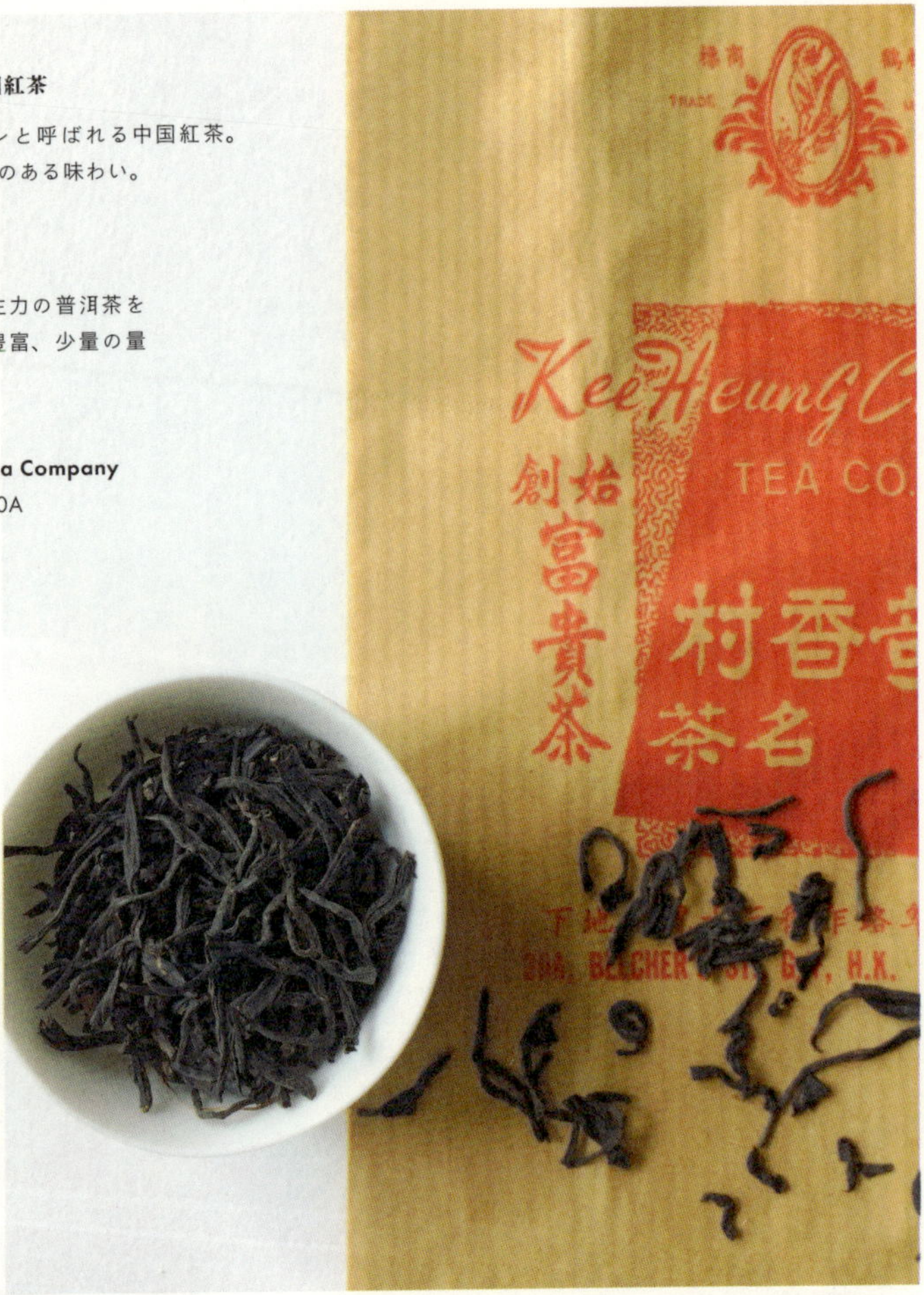

35
食品

専門店で買う中国茶

種類も豊富で驚くほど奥深い

茶樓と呼ばれる點心（点心）やお茶を楽しむ店があるほど、香港での日常に中国茶は欠かせない。中国茶といえばジャスミン茶と烏龍茶くらいの知識しかなかった頃、普洱茶（プーアル茶）との出合いは衝撃的だった。何も言わなければ、まず街中の飲食店ではこれが出てくる。こげ茶色のまったりとした枯葉の味がするお茶。しばらくは油麻地の茶葉専門店から大量に持ち帰り、普洱茶で香港の気分に浸った。

時間が経つとレストランでは普洱茶以外にも色々と茶葉が選べることを知った。それからは注文して美味しかったお茶を覚えては街中の茶葉専門店を訪ね歩いている。量り売り、すでに包装されているものや缶売り、香港定番のお茶以外にも店ごとに特色のある茶葉を揃えているのは想像以上だった。ちょっとやそっとじゃ種類も名前も覚えきれない。

まずはレストランで覚えた茶葉を選び、次には好奇心をそそられたものや店から勧められる茶葉の話に耳を傾ける。聞くところによると中国茶は迷宮のように奥が深いらしい。迷わない程度に楽しみたい。

嶤《ヒュ》陽《ヨン》綠《ロッ》觀《グゥン》音《ヤム》｜鉄観音

しっかり焙煎された他では味わえない深みと渋みに特徴のある鉄観音。紙包装140g

DATA & MAP

福建省で創業。1936年、香港へ移転し伝統的な深い焙煎を継承する歴史ある専門店。

嶤陽茶行（香港）
Geow Yong Tea Hong (Hong Kong)
香港 上環文咸東街70號地下
+852 2544 0025

MAP → P.155

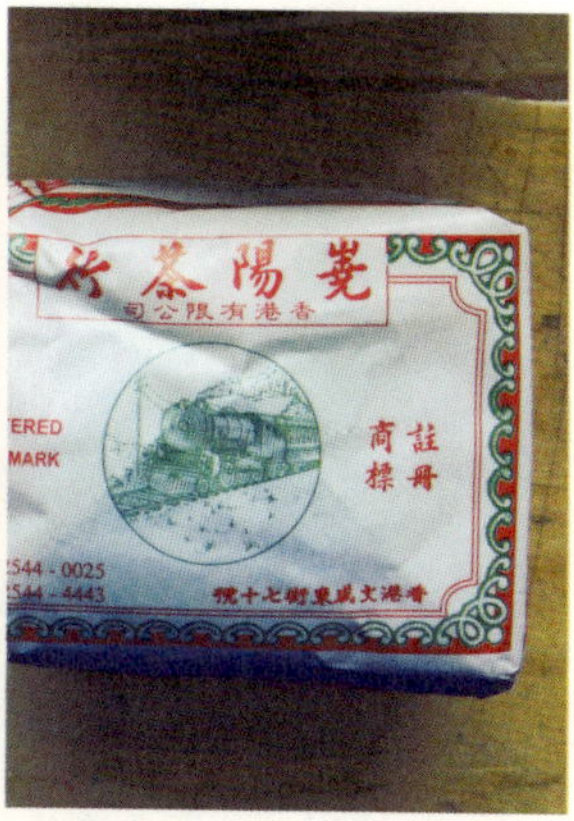

鐵《ティツ》羅《ロ》漢《ホン》（鉄罗汉）｜武夷岩茶

缶入り小包装の鐵羅漢は軽い香ばしさと柔らかい口当たり。60g（12包入）

DATA & MAP

年代物の各種銘茶を取り揃える。普洱茶と烏龍茶の洒落たオリジナル小包装セットがある。

劉裕發茶莊（香港）樂富店
LAU YU FAT TEA SHOP
香港 九龍樂富廣場第一期2樓2113號
+852 2338 1872
www.teahouse.com.hk/

MAP → P.157

どれもこれも欲しくなる

山《サーン》貨《フォ》・家《ガー》品《バン》・五《ウ》金《ガム》

勤興山貨／香港島 西營盤

榮記五金家品（華富總店）／
香港島 華富邨華光樓

壊したり造ったり、直したりとひっきりなしに街が変化する香港では五金と呼ばれる金物や工具を扱う路面店が目立ち、部品や素材に目がない自分にはたまらない。

よく見かける家品はいわゆる家庭用品店。掃除洗濯用品から台所道具、食器と所狭しと並び、覗いてごらんと誘惑する。

山貨は店頭に竹かごが大小並んでいたり吊されていて、かご好きな自分は必ず目を留める。小さな家具や昔ながらの竹の帽子（漁民帽子）なども商っている。日本ではこの類の個人店舗は極端に少なくなってきた。香港はまだまだ頑張っている。

ひと味違う山貨・家品・五金の店

街を歩けば山貨・家品・五金の看板が目に留まる香港。本書で紹介している食の道具や雑貨・日用品はこれらの店で出合ったものが多い。

DATA & MAP

新杜洪記
香港 西環吉席街52號地下
MAP → P.155

隆盛祥合記
香港 西環卑路乍街36-38號
天成工業大廈1樓全層
MAP → P.155

新聯什品店
香港 新界大埔墟富善街19號地下
MAP → P.157

榮記五金家品（華富總店）
香港 華富邨華光樓502-4號地下
MAP → P.155

五金陳
香港 九龍紅磡馬頭圍道11號
紅磡市政大廈紅磡街市
MAP → P.156

勤興山貨
香港 西營盤皇后大道西162號地下
MAP → P.155

五金陳／九龍 紅磡街市

隅々まで歩きたい

上《ソウン》海《ホイ》街《ガイ》

さまざまな業務用の専門店が並ぶ上海街。

ここは九龍サイドのメインストリート彌敦道の西側に並行して、北は荔枝角道から南は柯士甸道まで続く、電動工具、水道関係、冠婚葬祭、厨房用品、食器専門店など業務用の店が並ぶ通りだ。小売する店も多く、旅行者でも買い物が楽しめる。日程と時間に余裕があれば地下鉄太子駅から上海街へ向かう。そこからは油麻地まで上海街を中心に並行する廣東道、新填地街と足を延ばし右へ左へカニ歩きをしながらひたすら歩く。日曜大工センター好きにはたまらないスケールの大きい専門店街。

DATA & MAP

上海街

MAP → P.155

繰り返し訪ねる厨房用品専門店

上海街で繰り返し訪ねるのは、それぞれが特色のある店だ。気がつけば1989年から通っているところもある。

DATA & MAP

業務用店舗什器や設備の受注生産と小売の専門店。掘り出し物に出合う確率も高い。

宇宙不銹鋼工程公司
香港 九龍油麻地上海街327A號地下
www.cosmos.hk

MAP → P.156

DATA & MAP

製菓道具が揃う厨房道具専門店。
見やすい店内では蒸物関連の道具も豊富だ。

光輝鋼竹蒸籠廚具
香港 九龍上海街359號地下
www.5metal.com.hk/KwongFai

MAP → P.156

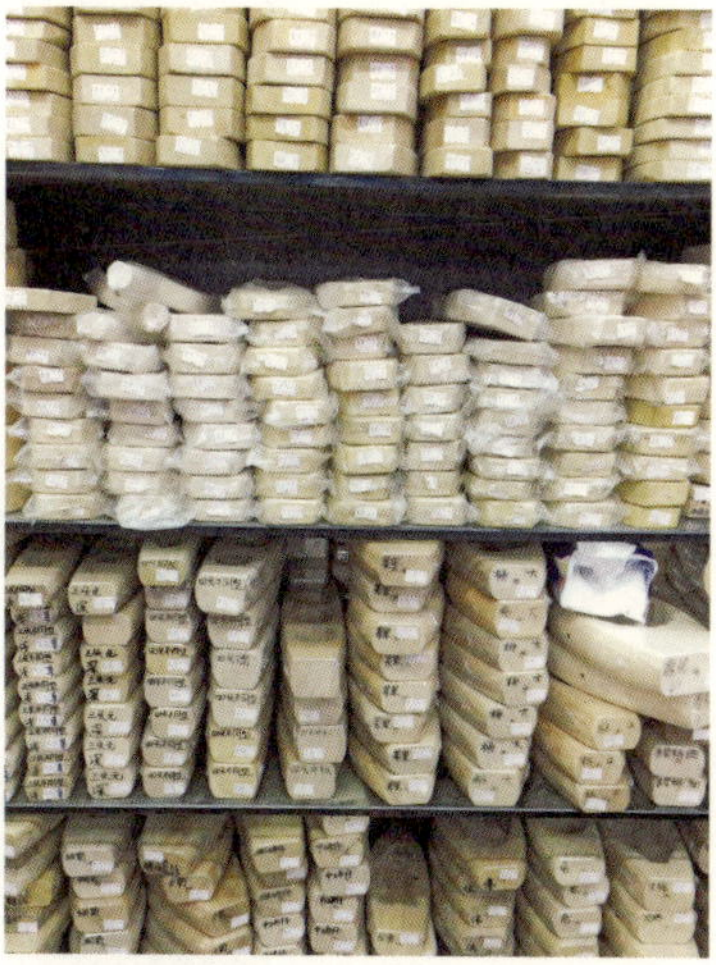

DATA & MAP

店脇に積み重なった分厚い丸まな板が目を引く木製調理道具の専門店。餅型やヘラも豊富。

萬記砧板
香港 九龍上海街342號地下
www.mankee.hk/

MAP → P.156

いいもの探し
エリア
3

何度でもわくわくする

公《ゴン》営《イン》街《ガイ》市《シ》と熟《ソッ》食《セッ》市《シ》場《チョン》

ひと目でわかる、各フロアのイラスト入り案内板。

生きのいい魚や野菜、乾物が溢れるほど陳列され、あまりの迫力に圧倒される。

誰でも自由に利用できる公営街市は建物丸ごと生鮮食品や乾物、調味料から家庭用品、飲食店まで、そのテナントを集めた、生活に必要なものが揃うパラダイス的な場所。熟食中心と呼ばれるフードコートはどーんとワンフロア、それぞれの店でテーブルのテリトリーはあるが、それほどシビアには管理されていない。朝ごはん、昼ごはん、ひとりでも気軽にさくっと食べられる。大勢だったら夜ごはんもいい。

香港島 柴灣の吉勝街熟食市場　財記粥麵店にて。

ローカルな雑貨フロアでは食器、衣類など思いも寄らない掘り出し物に出合う。

　飲食専門の熟食市場は、早朝から出勤前にささっとごはんを食べる人やテイクアウトをする人の激しい出入りで活気に溢れる。目の前で小気味よく調理する様子が食欲をそそる。

◉ お気に入りの公営街市と熟食市場

公営街市と熟食市場については、香港特別行政区の食物環境衛生署・公眾街市及熟食市場のHPを参照。
www.fehd.gov.hk/tc_chi/pleasant_environment/tidy_market/Markets_CFC_list.php

DATA & MAP

士美非路街市
香港 堅尼地城士美非路12號K 士美非路市政大廈
MAP → P.155

香港仔街市
香港 香港仔香港仔大道203號 香港仔市政大廈
MAP → P.155

牛池灣街市
香港 九龍牛池灣清水灣道11號
MAP → P.157

吉勝街熟食市場
香港 吉勝街10號（近祥利街17號後面）
MAP → P.153

いいもの探し
エリア
4

旅先で日常を楽しむ

スーパーマーケット

スーパーから抱えて持ち帰るガロンウォーター。

滞在中は嘉頓（ガーデン）のパンをトーストして、バターをたっぷり。維記牛奶（カオルーン デイリー）はミルクティー用に、赤いロゴのかわいさに空きびんを持ち帰る。

滞在中の楽しみのひとつは朝ごはんや小腹を満たすものをローカルスーパーで買うこと。いちばん欠かせないのは水、Bonaquaのガロンボトルを恵康Wellcomeで購入。それから果汁100%のストレートジュース、オーストラリアPauls社のナチュラルヨーグルト、好物のバターはイギリスやフランス製などいろいろと買い揃え、珍しいフルーツにまで手を伸ばし食べきれないほど欲張る。

　手軽な土産物選びやスーパーで定番の薬やボディケア用品を覗くのも欠かせない。ここでは旅先の小さな贅沢を目いっぱい楽しむ。

◉ よく行くスーパーマーケット

あらゆる国の商品が豊富に並び、日常のショッピングが楽しめるスーパー。同じチェーン店でも、地域や規模で品揃えに違いがある。

DATA & MAP

恵康 wellcome
www.wellcome.com.hk/

百佳超級市場 PARKnSHOP
Fusion by PARKnSHOP
www.parknshop.com

city'super
www.citysuper.com.hk/

第2章 もっと知りたい香港

香港に集まった多様な文化を持つ人々が織りなす暮らし。
どんな事に興味があり、どんな会話で盛り上がるのだろう。
日常への興味は尽きない。
飽く事なく、今日も隅々まで歩き尽くす。

1

公共交通

香《ホン》港《ゴン》MTR

モダンで快適な鉄道システム

中環站構内に設置されたiCentre。無料でUSBコネクタやFreeWifi、PCが使える。

人の波がひける僅かな瞬間、地下鉄の構内では機能的でモダンな空間が広がる。ただ通り過ぎるにはもったいない。

モザイクタイルを使った贅沢な壁画が施された中環站（駅）ホーム、パープル色のタイルがエレガントな太子站。壁際に設置された小さな椅子にちょこっと腰掛けては交錯する人の流れを楽しむ。

パープルがエレガントな太子站構内。

中環站構内のモザイク画「山高水長」は香港の張雅燕作。詳細はHP参照。
www.mtr.com.hk/ch/customer/community/art_archi_home.html

MAP → P.155

香港 MTR

香港最大の公共交通システム。そのネットワークは高速で快適な地下鉄、香港国際空港と市内を結ぶ機場快綫（エアポートエクスプレス）、新界西北部を走る輕鐵（ライトレール）、そして巴士（バス）へと広がり、郊外へのアクセスも年々向上している。香港鐵路有限公司（Mass Transit Railway co.,Ltd）が運営。www.mtr.com.hk/

2

公共交通

天《ティン》星《セン》小《シウ》輪《ロン》と中《ツォング》環《ワン》碼《マ》頭《タウ》

維《ワイ》多《ドウ》利《レイ》亞《アー》港《ゴン》の潮風に吹かれ

短い滞在中、ここに行きたい、あそこも見たいと予定をこなす。時には落ち着いてゆっくりと香港の時間を噛みしめたい。地下鉄もいいけれど、今日はスターフェリー。尖沙咀碼頭から中環碼頭までのわずかな時間、維多利亞港（ビクトリア・ハーバー）の潮風に吹かれる。

日曜日だったら中環碼頭二階のファーマーズマーケットを覗く。オーガニックの野菜やハンドメイドのスキンケア用品、見ているだけでも楽しい。

天星小輪　Star Ferry

九龍と香港島を結ぶ天星小輪（スターフェリー）は尖沙咀碼頭から中環、灣仔へ2路線を運行。中環の天星小輪乗り場は、10ヶ所のフェリー乗り場が並ぶ中環碼頭（セントラルフェリーピア）の7号にある。
www.starferry.com.hk/

DATA & MAP

中環碼頭・天星小輪碼頭

MAP → P.155

香港《ホンゴン》海事《ホイシ》博物館《ボッマッグーン》

維多利亞港の光を浴びる8號碼頭の香港海事博物館。貿易港ならではの交易や船舶関連の見応えある歴史的資料を取り揃えており、施設内のBデッキからは尖沙咀側が望める。

DATA & MAP

香港海事博物館
Hong Kong Maritime Museum
香港 中環8號碼頭
+852 3713 2500
www.hkmaritimemuseum.org/

MAP → P.155

Café 8

海事博物館とネスビットセンター（非営利法人）他のNGOが協力して学習障害者の支援を目的に労働訓練の場として運営している。清潔で開放感のあるカフェ。

DATA & MAP

Café 8
香港 中環8號碼頭
+852 3791 2158
www.cafe8.org

MAP → P.155

3

公共交通

トラム・叮《ディング》叮《ディング》

香港島の街並とざわめき

香港電車《ホンゴンディンツェー》 HK Tramways

街並や雑踏を間近で楽しめる、香港島ならではの二階建て路面電車・トラム。起終点の最長路線は西行・堅尼地城と東行・筲箕灣。運転間隔が短かく、乗り場間も近い。低料金で長く市民の足として愛されている。

www.hktramways.com/

〈左〉銅鑼灣英皇道・木星街〈右〉西環徳輔道西・山道〈P.116〉銅鑼灣邊寧頓街

銅鑼灣百徳新街のトラム乗り場。路線案内も分かりやすく、気軽に乗り降りできるのが魅力。

トラムの後方から狭い入り口を身体をよじって通り抜け、狭く急な階段を二階へと上がり景色がよく見える窓際へ。路面電車は鈍い音を立てて動き始め、レールと車輪が摩擦する低音、高音がガタンゴトンと響き渡る。やがて信号待ち、ギギッとブレーキ音と共に人々のざわめきが耳に届く。トラムに前後左右、身も心も揺られながら、堅尼地城から灣仔、灣仔から北角、街の様子が変わるのをゆっくり見続け、気がつけば筲箕灣、終点だ。

美《メイ》登《ダン》大《ダイ》廈《ハ》

美登大廈の外観は改修、修繕後も建設当時の配色とほとんど変わらない。香港銅鑼灣加寧街（P.154）

4 集合住宅

故事散歩

ちょっと覗きたくなる暮らしの空間

２０１７年、「香港收藏家協會」の展覧が中央圖書館（P.１３７）で開催され、旅程とも重なっていたので興味津々で見に行った。香港で製造された一眼レフカメラから月餅の空き缶、酒や調味料の空き瓶、領収書、香港で発売された日本の漫画まで、どこの国も愛好家や収集家は似通っていて嬉しい。自分の古い香港収集物でその片隅に参加したいくらいだ。

　その数ある出品物の中でも見たことのない住宅販売のパンフレットが気になった。所在地も明記されているので、帰国後興味本位に地図で調べてみる。さすが香港、変わらずあるではないか、一時期、お洒落エリアとして観光ガイドブックで紹介されていた場所に。これは確認したい。

　さっそく次に訪れた香港で美登大廈の前に立つ。少々古びてはいても大切に維持されている様子、立地もいい。日本のビンテージマンションのような存在なのか、値段も高そうだ。

　嬉しいことに、ごく最近『有瓦遮頭』という１９５０～90年代に販売された集合住宅のパンフレットを解説する書籍が発刊され、より詳しく、この住宅も含めそのほかのマンションの内部まで知ることができるようになった。その内容から新たに興味をそそる集合住宅も見つけ、ますます面白くなってきた。

『有瓦遮頭　1950s ～ 1990s　樓書解讀「安樂窩」』。設計図の絵柄や色彩が美術本のように美しく、解説書以上の上質な書籍。張順光・謝冠東著　中華書局（香港）有限公司刊

販売時に配布したパンフレット。現在とは違う、当時の地形は興味深い。

正面玄関は高級な雰囲気が漂う。

5

故事散歩

律《ロッ》打《ダ》街《ガイ》のガス灯

急な坂道を歩いて見つけた香港島の小さな史跡

香港島の坂道を散策しようと思い付き、荷李活道から普仁街を上った。左向こうに見えて来たのは寶慶大廈という大きな集合住宅だ。思い付きでその手前を左へと曲がる。右手に華寧里という名前の付いた、なだらかな雰囲気のある古い階段が現れ、上がってみることにした。予想に反して途中、急勾配へと変わった狭い階段をこわごわと上り切り、律打街へ辿り着く。左手には今にも朽ちそうな鉄柱、本物の街灯だ。

ここはかつて暗闇が忍び込む時間、ぼんやり灯がともる夢見るようなところだったのか、と英国の旧租借地ならではの雰囲気が漂う鉄枠だけになったガス灯を見上げる。

華寧里と呼ばれる、風情のある階段状の古路。

DATA & MAP

MAP → P.155

修復中だった寶慶大廈と1900年代始めに建てられた煤氣燈（ガス灯）跡。

階段の向こうには洗濯物や看板、その下には手すりにつかまりながら上る老人の後ろ姿。

DATA & MAP

MAP → P.155

6

故事散歩

平安里《ピンオンレイ》の階段

時代の痕跡を残す ビルのわずかな隙間

上環の荷李活道沿い、文武廟の隣に旧東華三院李西疇紀念小學（小学校）の建物がある。そこを正面に見て左側、小さな路地に気が付いたのは２０１２年のことだ。奥の方には長い長い、どこまで続くのかと思わせる階段があり、手前には建物同士を繋ぐ梁がある。「履中蹈和」の四字熟語から選び刻まれた「蹈和」の二文字。これは偏った道を選ばず平穏な人生を歩むようにとの思いが込められたものだ。香港らしい歴史と時間の流れが見え隠れする気持ちの高ぶるところ。

さらに驚くことがあった。長年の香港出身の友人はこの小学校の卒業生だったのだ。そしてここは今、再開発に揺れていると聞いた。

上／城砦と呼ばれた頃の数ある建物と内部を巡る通路の詳細マップ。下／在りし日の九龍寨城を模型で展示している。

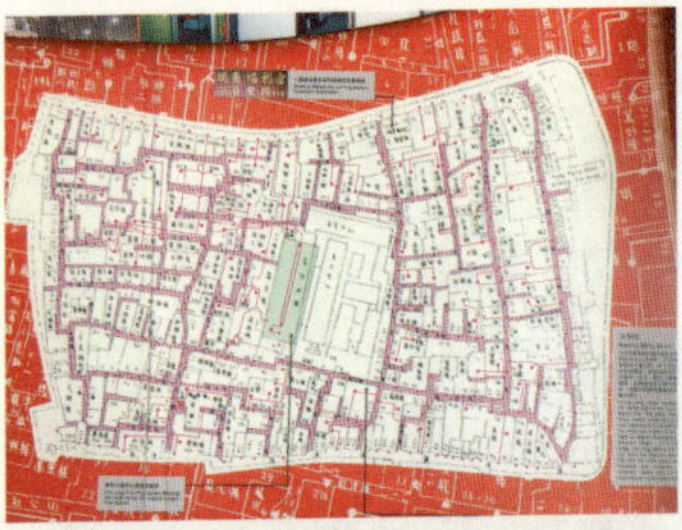

九龍寨城衙門は清朝が英国との阿片戦争後、1847年に築いた役所。

DATA & MAP

九龍寨城公園 Kowloon Walled City Park
香港 九龍九龍城東正道
+852 2716 9962
www.lcsd.gov.hk/tc/parks/kwcp/

MAP → P.157

7

故事散歩

九《ガウ》龍《ロン》寨《ツァイ》城《シン》公《ゴン》園《ユン》

かつての喧噪も面影も残さない美しい中国式庭園を歩く

19世紀末、清朝の役人と軍人が撤退後にカオス化した九龍寨城は第二次世界大戦以降、集合住宅がみっしり不法建築され、法治の届かない外界から閉ざされた巨大な城砦へと変貌した。1989年、一目見たさに訪ね、住人の出入りを見かけて深く考えもせずに途中まで入り込んだ。陽も当たらない裸電球の下、細いくねるような通路の中は湿気と乾燥が入り混じった独特の匂い。十数メートル進むと段々と不安になり心臓の高鳴る音が耳まで響き、頭の中ではもうこの辺りで止めておいた方がいいという声がした。

　あの時、もう少し先まで歩いていたら何か見えてきただろうか。もはや面影さえ残っていない美しい庭園を歩きながら考える。

8

故事散歩

石《セッ》屋《オッ》家《ガー》園《ユン》

ひと昔前の生活と九龍城の変遷を伝える小さな展示室

ピンクの花布が目を惹く展示室。

九龍寨城公園から聯合道を挟んだ所に興味をそそる展示室を見つけて、公園をぐるりと回った後は石屋家園へと足を延ばした。広々とした敷地は、かつては花や果実の庭園に囲まれた、何家一族の石造りの豪邸があったと聞く。日本統治下では庶民向けの平屋が建てられ、戦後の1945年からは、一列五軒の石造り家屋が建設された。この地と同様にその家屋も変遷を重ね、近年は僅か一軒だけ藍恩記と看板のある家だけが残ったそうだ。2015年からは所縁名称をつけた石屋家園として生まれ変わっている。

二階はひと昔前の生活や地域の歴史的変遷の展示があり、一階では懐かしい香港式カフェを再現した石屋咖啡冰室。小さいながら九龍寨城公園と合わせて訪ねたい場所。

内装の素敵なカフェでセットメニューを食べながらひと休み。

DATA & MAP

石屋家園　Stone Houses
香港 九龍聯合道133號
+852 2325 0111
+852 2325 0131（冰室）
www.stonehouses.org/

MAP → P.157

9

故事散歩

新《サン》界《ガイ》大《ダイ》埔《ボウ》墟《ホイ》

旅先での小さな遠出

美味しい店や香港鐵路博物館があるというので、地下鉄の東鐵線に乗車して大埔墟駅まで小さな遠出を計画した。街の中心地は駅から離れている。駅ビルを背にして右へ、降り立つ人々に流れを任せながら線路沿いを歩くこと7〜8分、更に線路下のガードを右にくぐると左手に大きな街市（市場）が見えた。初めての場所は街の様子が見えるまでが一番不安、ここもまた新界地区独特の広々とした街の作り、さぁ、ここからが冒険の始まりだ。

右／亞婆豆腐花は街市近くの大光里にあるツルッと美味しい、地元でも人気の豆腐花専門店。**左**／富善街は家庭用品店や食品店が並び、地元の買物客で賑わう活気ある商店街。

DATA & MAP

新界大埔墟

MAP → P.157

モダンな建物が目を引く、大埔墟街市及熟食中心。施設内も広々として歩きやすい。

創業1942年の樹記腐竹は現在、3代目が跡を継ぐ、品質の高さで有名な湯葉屋。

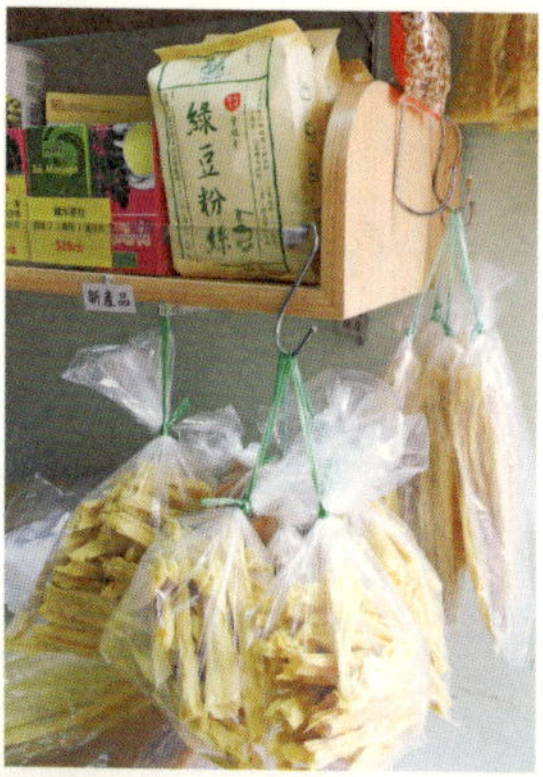

通りがかりに女性の人だかりを見かけ近付くと湯葉屋さんだった。壁にはオリジナルアイスクリームのポスターや湯葉料理健康法の張り紙、店は引っ切りなしの買い物客でにぎわう。

日本で買う乾燥湯葉とはどう違うのか、持ち帰りやすい棒状の枝竹、半斤（約300g）を選んだ。ぬるま湯でゆっくり戻すと、はんなりした優しく味わいのある湯葉が現れた。これはこのままでも和え物でも美味しい。何の情報もなく面白い店に出合うのも旅の楽しみ。

DATA & MAP

樹記腐竹

香港 新界大埔運頭街71B地舗
+852 2386 7776
www.shukeeshop.com/

MAP → P.157

鉄道での長旅に思いを馳せる
香港鐵路博物館

少し遠出した先で出会ったのは子供たちの課外学習。今どきの小学生はタブレットを持ち歩いてワイワイガヤガヤ、今はなき九廣鐵路で使われていた旧型車両を行ったり来たり。負けじと自分も緑の車両、赤い車両へと乗り換える。鉄道とはとんと縁がないにもかかわらず、魅せられた香港鐵路博物館。思わず記念絵葉書セットまで買って帰る。

左／樹々に囲まれた旧型車両223号。**右**／ギフトショップで購入した、展示車両の内容が分かる、10枚セットの絵葉書。

香港鐵路博物館は、1913年建設の旧駅舎を修復した野外博物館。中国式の伝統的な屋根に特徴のある駅舎を修復後、1985年に開館。鉄道の歴史パネルや車両模型などを展示している。

古い枕木の線路には旧九廣鐵路の車両が展示され、その横でスキップする少女の後姿。

DATA & MAP

香港鐵路博物館

HONG KONG RAILWAY MUSEUM

香港 新界大埔大埔墟崇德街13號

+852 2653 3455

www.heritagemuseum.gov.hk/zh_TW/web/hm/museums/railway.html

MAP → P.157

買い物客で賑わう大埔・富善街にある、小さな寺院。お年寄りがお参りがてらひと休み。

10

故事散歩

街の寺院

煙立ちこめる密やかな場所

街の寺院へ挨拶がわりに立ち寄り、
お邪魔します、
と何か願い事をするでもなく
お参りをする。
小さな街の小さな廟《びょう》へは地元の人が
すっとやって来ては静かに出て行く。
線香の煙を纏いながら
わずかな旅の寄り道を楽しむ。

DATA & MAP

文武二帝廟
香港 新界大埔富善街
53號 6約3A號地段

MAP→P.157

DATA & MAP

大王古廟

香港 新界元朗舊墟長盛街26號C

MAP → P.157

晉源押

香港 新界元朗舊墟長盛街72號

MAP → P.157

上・下左／古い街並みの中、香港一級歴史建築に認定されている新界元朗舊墟の大王古廟は18世紀に建てられ1838年に改修された寺院。**下右**／正面に見える煉瓦造りの晉源押は1910年に建てられた元金融業者の建物。

11
故事散歩

新《サン》界《ガイ》元《ユン》朗《ロン》
古くから栄え活気溢れる街

新界元朗は有名な乾麺や老婆餅の総本店があるという知識はあっても、ずっと未知の場所。ワクワクドキドキしながら下調べ。有名店以外にもどんどん行きたいところが増えた。香港内の移動は地下鉄を使えば簡単、西鐵線で元朗駅へ向かった。降り立つと想像とは違う近代的で広々とした駅に驚く。そこからは街の中心地、大きな幹線道路の青山公路元朗段へと歩き始める。

　空は大きく広がり、街も大きいことがよく分かる。途中、目の前を短い車両の小さな電車がヒュンッと走り抜けた。これは新界西北

DATA & MAP

新界元朗

MAP → P157

上／軽快に走る軽鐵線の小さな車両。**下**／ロータリー中央部分にある大棠路熟食市場。

伝統的な花牌と呼ばれる大きなお祝い用花輪を交差点で見かける。

部を走る軽鐵線、路面電車だ。かねて予定した場所を訪ね、その道々、歩きながらの新しい出合いは予想以上だ。古くから栄えた歴史ある集落、昔ながらの生活習慣を色濃く残す商店や人々もエネルギッシュ。ここ新界元朗は初めての香港旅行を思い起こすほど刺激的だ。

壓花玻璃と呼ばれる花模様のプレスガラス。タイルと同模様の鋳物細工が印象的。

DATA & MAP

元朗舊墟

MAP → P.157

街歩きの中、偶然立ち寄った元朗舊墟（元朗旧市街地）。「ここは一体どこ」と惑わされるような時の流れが止まった所。17世紀に開かれたこの村は元朗駅から至近にあり、元朗の十八郷と呼ばれる集落の一つだ。

新界元朗で新しく出合う
いいもの、美味しいもの

お話を伺ううちに自慢そうにデスクの引出しから取り出した、手描きの素朴で愛くるしい鶏柄の小皿。直径は5cmほど。繊細な絵付けとすっきりとした色使い。ご本人のコレクションだったようだが特別に売って頂いた。

様々な時代の器が所狭しと並ぶ中、碗類の種類の多さは際立つ。

店主から手にした器の年代など、詳しいお話を伺う。

雞公碗專賣店《ガイゴーンウンジュンマイディム》

お店の名称通り、鶏柄の器に強く、その他、中国の古い器も大量にストックしている。にこやかな笑顔の店主は自らも鶏関連のコレクターのようだ。質問にも丁寧な対応をしてもらえ、器好きにはたまらない店。

DATA & MAP

雞公碗專賣店 Cock Bowl Shop
香港 新界元朗泰豐街20-24號普利樓地下A2舖
+852 2634 7533
www.yl.hk/cb/

MAP → P.157

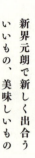

上／パリッと焼き上がった花生醤多士（ピーナツバタートースト）とレモンスライスたっぷりの熱檸檬茶（レモンティー）。**下**／ポップでモダンな色使いが素敵な外観。

◉萬芳冰室《マンフォンビンサッ》

グーグルマップのストリートビューで見つけた外観に強く惹かれて、「わぁ、これは行ってみたい」と訪ねた店。レトロモダンな明るい店内、テキパキした従業員、美味しい食べものと三拍子揃った店。

DATA＆MAP

萬芳冰室
香港 新界元朗建徳街35-55號時景花園地下10號舗
+852 2870 2777

MAP → P.157

ガラス張りの外観が目をひく。すっきりとした店内では、整然と並んだ干し肉が美味しそう。

◉何八記臘味専家《ホバッゲイラップメイジュンガ》

塩漬け肉を天日で乾燥させ、味付けした物やそのままの臘味（干し肉）を扱う専門店。検疫上、日本へは持ち帰ることは出来ないが覗くだけでも楽しい。流浮山、裕興蠔油公司の蠔油（オイスターソース）も取り揃えているので便利。

DATA＆MAP

何八記臘味專家
香港 新界元朗青山公路2-6號保安樓地下B1
www.facebook.com/何八記臘味專家
※夏期の長期休暇有り

MAP → P.157

12

展覧散歩

饒《イユ》宗《ツォング》頤《ユン》文《マン》化《ファ》館《グーン》

丘陵に鳥のさえずる
心安らぐ空間

煉瓦造りの芸術館を丘陵の中腹から眺める。敷地は3つに分かれ、上区はホテル、中区にはレストランやシアター、展覧館。芸術館は下区にある。

左／芸術館前の中庭で美しく咲き誇る蓮の花。
右／饒宗頤氏の見事な書画を常設する芸術館では特別展も開催される。

香港電車（トラム）関連の展覧があるということで地下鉄美孚駅からほど近い饒宗頤文化館の芸術館まで足を運んだ。小さいながらトラム愛に溢れる展示を堪能した後は、丘陵に広がる施設内を下区から中区へと散策。中腹まで登ると見晴らしも良く、林のすぐ向こうには美孚の高層マンション群が見えた。

この複合施設はかつて清朝時代の税関支所として開かれ、のちには英国の管理する中国人労働者宿舎、検疫所、刑務所、感染症病院、精神科老人ホームとして利用されてきたということだ。現在は茘枝角醫院（三級歴史建築）として使われた建物を丁寧に修復し、中華文化に触れられる場所へと生まれ変わっている。駅からほど近い緑豊かな場所にある饒宗頤文化館は、別世界へ迷い込んだように心安らぐ空間だった。

DATA & MAP

中国文化の泰斗である饒宗頤氏が名誉会長を務める香港中華文化促進施設。

饒宗頤文化館　Jao Tsung-I Academy
香港九龍 青山道800號
+852 2100 2828
www.jtia.hk

MAP → P.153

中区にはインターナショナルな味が堪能できるレストラン・頤膳房がある。

13

展覧散歩

香港《ホンゴン》歴史《リッグシ》博物館《ボッマッグーン》

時間をかけて楽しみたい見応えのある展示

九龍公園の一角にあった香港歴史博物館は1998年、尖東地区へと移転した。スペースは大きく広がり、常設展「香港故事」は、有史以前から1997年の返還までを8つのテーマに分けて見応えのある内容で展示している。特に香港開港から1960年代の街並みを再現した展示室は何度訪れても見飽きない。ドーンとトラムの車両を置いたコーナーにも驚いた。

少し残念なのは漢方薬店の匂いまで残っていた前博物館（現在は文物探知館）に比べるとやや泥臭さが薄れているところだ。それでも香港の歴史に触れて学ぶ貴重な場所には違いない。ここでは常設展以外にも企画展覧を開催。子供たちが課外学習で集まる様子は微笑ましい。

香港歴史博物館の外観。

香港の古き良き時代の冰室（カフェ）や茶餐廳（食堂）をイメージしたレストラン「香城茶室・City Cafe」や、商務印書館が運営するミュージアムショップ「Passage」もある。書籍や雑貨も充実しているのでちょっとした土産物が選べる。

DATA & MAP

香港歴史博物館

Hong Kong Museum of History

香港 九龍尖沙咀漆咸道南100號

+852 2724 9042

hk.history.museum/

MAP → P.156

14
展覧散歩

長《チョン》春《チュン》社《セー》文《マン》化《ファ》古《グ》蹟《ツィッ》資《ツィー》源《ユン》中《ツォン》心《サム》

坂を上った西邊街の洋館

香港島西邊街の坂道を徳輔道西から上がり第三街へと辿り着く。交差点を左手に曲がると古き良き香港の面影を色濃く残す、瀟洒《しょうしゃ》な洋館に出合う。運営しているのは香港の歴史や文化、古蹟《こせき》に関する研究や保護活動を行う非営利団体。不定期で開催される展覧は過去の都市文化を中心に興味深いものが多い。

1938年に建てられた洋館と英国統治時代の赤い郵便ポスト

DATA & MAP

長春社文化古蹟資源中心
The Conservancy Association Centre for Heritage (CACHe)
香港 西營盤西邊街36A後座
+852 2291 0238
www.cache.org.hk

MAP → P.155

15
展覧散歩

香《ホン》港《ゴン》中《ツォング》央《ヨン》圖《トウ》書《スゥー》館《グーン》

旅行者も落ち着く静けさ

公共の図書館というと旅行者にはハードルが高いが、ここで開催された「香港收藏家協會」の企画展覧を見に行く機会があり、気兼ねなく出入りのできる施設だと分かった。館内は落ち着いた環境が整っているので過ごしやすい。トラム維多利亞公園駅や地下鉄天后駅からも近く、ふらっと立寄ることができる。

上／重々しさを感じる香港中央圖書館の外観。**下**／館内のカフェテリア「Delifrance」や書店「中華書局」も気軽に利用できる。

DATA & MAP

香港中央圖書館
Hong Kong Central Library
香港 銅鑼灣高士威道66號
+852 3150 1234
www.hkpl.gov.hk/tc/hkcl/

MAP → P.154

16

文化散歩

元《ユン》創《ツォン》方《フォン》ＰＭＱ

クリエイターが集まる個性溢れる空間

香港島荷李活道沿いにあるＰＭＱは地元の若いデザイナーや起業家を育て、国際的な交流を目的としたクリエイティブアトラクションスペース。館内にはショップ、カフェ、レストランがあり、滞在中は必ず訪れる場所だ。

元々は既婚者用生活官舎ということで採光の良いゆったりとした空間は、急な坂道を上り息も切れぎれに辿り着いても、すっと汗の引く心地良いところ。細部まで行き届いた高水準のデザインも訪れる魅力の一つ。

以前、年に一度だけ選ばれたクリエイターが東京の展示会に参加していた。そこで出会った彼、彼女のブースを香港のＰＭＱへ訪ねて、旅先での小さな交流を楽しんでいる。

上／中庭を挟んだ回廊を楽しみながら、クリエイターの各ブースを訪ねる。**下**／韓国のアーティストが描いた、鯉が優雅に泳ぎのぼる「階段アートプロジェクト」での鮮やかな作品。

DATA & MAP

PMQ 元創方
香港 中環鴨巴甸街35號
+852 2870 2335
www.pmq.org.hk

MAP → P.155

上／高台に建つビル。時間があれば近くの嘉頓山の山頂まで登り、九龍半島をぐるりと見渡すのもいい。中／アトリエやショールームを構えるアーティスト達の案内板。下／建物内に点在する作品。

17

文化散歩

賽《チョイ》馬《マ》會《ウイ》創《ツォン》意《イ》藝《ンガイ》術《ソッ》中《ツォン》心《サム》 JCCAC

旧工業ビルは
アートが生まれる芸術村へ

創意藝術中心ＪＣＣＡＣのある九龍石硤尾白田街は50年代の大火事後、ゆるやかな高台にたくさんの公営アパートが作られた場所。ローカル色の強い、落ち着いた時間の流れを感じさせる。

この地で70年代に建設された石硤尾工廠大廈はリノベーション後の２００８年、芸術村として生まれ変わり、アーティストの工作室（アトリエ）兼ショールームとして活用されている。

分野は音楽、ファッション、アートと多岐にわたり、館内には気軽に入れるギャラリーやカフェ、茶藝館、雑貨ショップもある。

年４回開催の手作り市、ＪＣＣＡＣ手作市集には時期を合わせて是非訪れたいと思っている。

DATA & MAP

賽馬會創意藝術中心 JCCAC
香港 九龍石硤尾白田街30號
+852 2353 1311
www.jccac.org.hk/

MAP → P.156

18

文化散歩

ODD ONE OUT

何度でも訪れたい プリントアートのギャラリー

灣仔のお洒落なエリアにある、入口のタイル張りも素敵なギャラリー。

上／奥は外光の入る小さなカフェバー・sfs。ひと息つける場所になっている。
下／インクの匂いがする手刷りの小冊子。Print by ONION PETERMAN

香港島皇后大道東から聖佛蘭士街の坂道の途中、左側の石段を上るとモダンで爽やかなギャラリーが現れる。ODD ONE OUTは香港は勿論、日本や各国のアーティストのプリントアートの作品を販売。各作家の個展も開催している。手頃な価格でシルクスクリーンの小冊子やポストカード、雑貨を購入できるのは嬉しい。ひと味違う香港での買物は、遥か遠く美大生だった自分の気持ちを盛り上げる。何度でも訪れたいところ。

DATA & MAP

ODD ONE OUT
sfs
香港 灣仔聖佛蘭士街14號地下
+852 2529 3955
oddoneout.hk/

MAP → P.154

19
文化散歩

貘《モッ》記《ゲイ》 Makee

宝探しのように各地から集まった雑貨を楽しむ

貘記が灣仔にあった頃、間が悪く二度も振られ三度目の正直で2016年12月に初訪、が、数日後には移転するとのことだった。翌年2月、移転早々の上環を訪ねてみた。そこは古きよき香港島の雰囲気を色濃く残す、50年代建築の天井が高いビルの中にあり、ビンテージ雑貨をより引き立てていた。

時間があればコーヒーやお菓子でひと休み。日本好きの店主が選ぶ昭和レトロな雑貨を香港で楽しむのも面白い。

北欧雑貨やハンドメイドのアクセサリーを販売、不定期でワークショップも開催。

DATA & MAP

貘記 Makee
香港 上環永樂街65號譚氏大廈4樓
www.facebook.com/hellomakee/

MAP→P.155

古いビルの中にあるビンテージ雑貨店。

20

文化散歩

書店めぐり

時間を忘れるほど夢中になる

香港で役立つようにと地図や食べ物関連の本を買い始めた。少しだけ香港の繁体文字にも慣れてきたので歴史関連の写真集、王家衛の映画集と毎回数冊ずつ徐々に増えている。

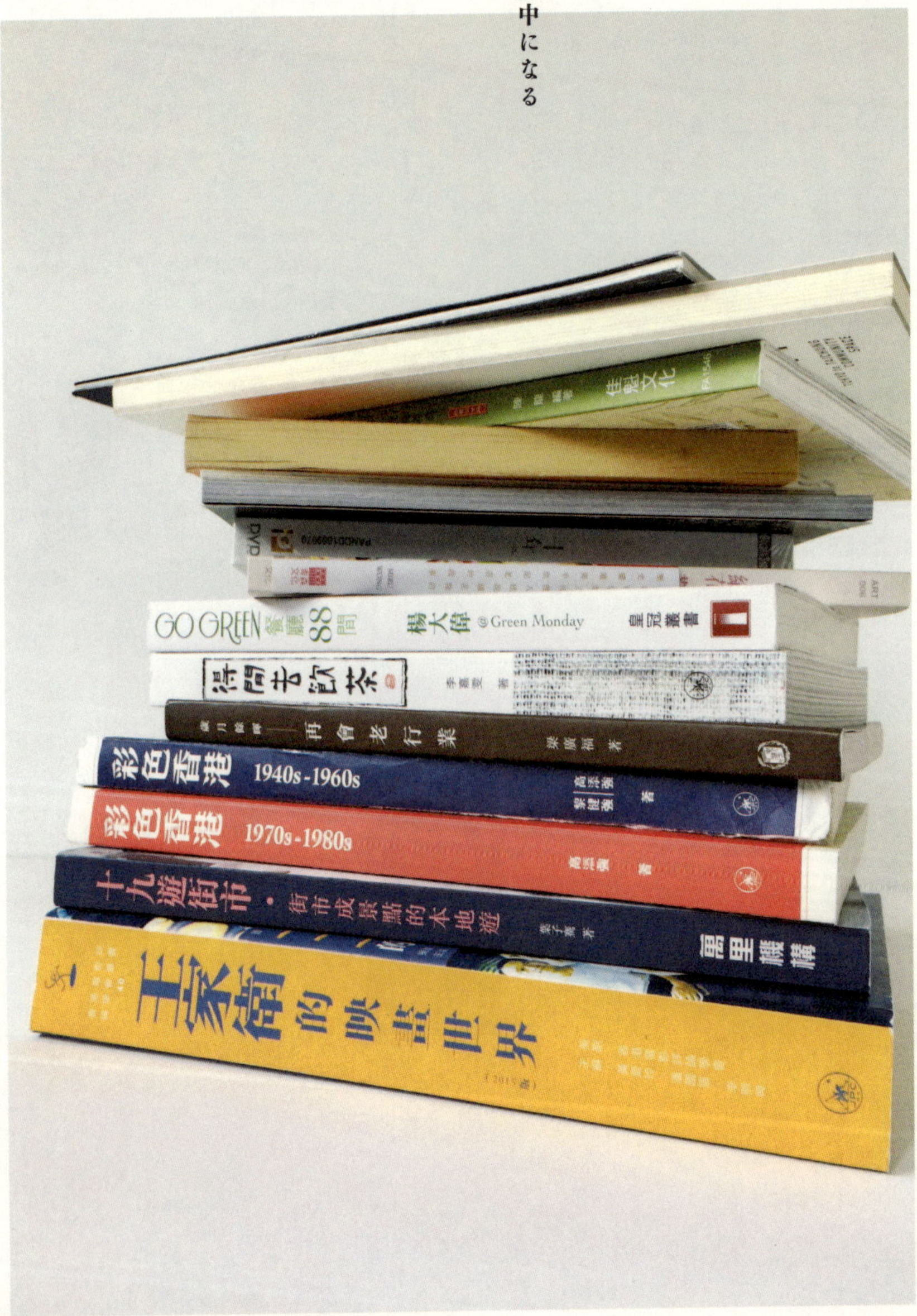

日本にはない紙質やレイアウトに惹かれて
街の書店、博物館や展覧会、
時には空港で毎回、書籍を数冊ずつ買い集める。
そこそこの漢字理解力と
写真やイラストで十分に満足できる。

右／香港島灣仔の富徳樓14階にある艺鵠はブックとアートの発信地として香港の今を知る貴重な場所。香港のアーティストの作品やアジア、欧米の書籍が並ぶ。左／東京と台中のコミュニティー空間を取材した台中出版の本。

DATA & MAP

Art & Culture Outreach 艺鵠 ACO
香港 灣仔軒尼詩道365-367號富徳樓14樓
+852 2893 4808
www.aco.hk

MAP → P.154

よく利用する書店は支店も多く、書籍の他に雑貨なども豊富に揃えている。

三聯書店
www.jointpublishing.com/

商務印書館
www.cp1897.com.hk/

中華書局
www.chunghwabook.com.hk/

［旅に役立つ情報］

街歩きが楽しくなる

覚えたい広東語

香港へ行く度にあの言葉を覚えておいたら、この言葉も覚えておけばと後悔する。拙《つたな》くても、おはようございます、こんにちは、たったそれだけでも広東語を話すと喜ばれ、小さな交流が生まれるからだ。

広東語（粤語）の話し言葉には高低の声調が9個あるそうだ。そうそう話せるようにはならなくても、現地で耳にする、心地いい独特のイントネーションの真似事だけでも気分は盛り上がる。

これだけは覚えて話したい、と思う広東語を今回、お世話になったエステラ・マックさんから教えて頂いた。

◉挨拶

1	おはようございます	早《ゾウ》晨《サン》
2	こんにちは	你《ネイ》好《ホウ》
3	こんばんは	你《ネイ》好《ホウ》
4	さようなら	再《ゾイ》見《ギン》
5	私は〇〇です	我《ンゴ》係《ハイ》〇〇
6	また会いましょう	下《ハ》次《ツィ》再《ゾイ》見《ギン》

◉乗物

1	〇〇へ行きますか?	係《ハイ》咪《マイ》去《ホイ》〇〇？
2	空港	機《ゲイ》場《チョン》
3	駅	站《ザム》
4	電車	地《デイ》鐵《ティッ》
5	トラム	電《ディン》車《ツェー》
6	タクシー	的《デッ》士《シー》
7	バス	巴《バー》士《シー》
8	ミニバス	小《シウ》巴《バー》
9	少し前に降ります (ミニバスの場合)	前《ツィン》面《ミン》有《ヤウ》落《ロッ》
10	突き当たりで降ります (ミニバスの場合)	街《ガイ》口《ハウ》有《ヤウ》落《ロッ》

◉食事

1　一人（二人）です　一《ヤッ》位《ワイ》（兩《ロゥン》位《ワイ》）

2　熱い・冷たい　熱《イッ》・凍《ドン》

3　少なめにして下さい　唔《ン》該《ゴイ》想《ソゥン》要《イウ》小《シウ》D《ディ》

4　メニューを見せて下さい　唔《ン》該《ゴイ》餐《ツァン》牌《パイ》

5　美味しいです　好《ホウ》食《セッ》

6　お会計をお願いします　唔《ン》該《ゴイ》埋《マイ》單《ダ》

◉買物

1　これ（あれ）を見せて下さい　唔《ン》該《ゴイ》想《ソゥン》睇《タイ》下《ハ》呢《リ》個《ゴ》（嗰《ゴ》個《ゴ》）

2　これを下さい　唔《ン》該《ゴイ》要《イウ》呢《リ》個《ゴ》

3　いくらですか?　幾《ゲイ》多《ドー》錢《ツィーン》？

4 ありがとう
（何かしてもらった時）
唔《ン》該《ゴイ》

5 ありがとう
（何かを頂いた時）
多《ドー》謝《ツェー》

◉街歩き

1 すみません
（何かを尋ねる時）
唔《ン》好《ホウ》意《イー》思《シー》、請《ツェン》問《マン》○○？

2 すみません／ごめんなさい
（ぶつかった時など）
唔《ン》好《ホウ》意《イー》思《シー》

3 ごめんなさい
對《ドイ》唔《ン》住《ジュー》

4 トイレはどこですか？
請《ツェン》問《マン》洗《サイ》手《サウ》間《ガーン》喺《ハイ》邊《ビン》度《ドウ》？

5 写真を撮っていいですか？
可《ホ》以《イ》影《イン》張《ジョウン》相《ソゥ》嗎《マ》？

6 滑るので気をつけて下さい
請《ツェン》小《シウ》心《サム》地《デイ》滑《ワァッ》

7 入場無料
免《ミン》費《ファイ》入《ヤップ》場《チョン》

協力：Estella Mak　香港生まれ育ち、その後カナダへ移住。日本文化が大好きで、大学で日本語を学んだ後日本へ。現在英語のニュース番組制作、旅番組のリポーター、翻訳、通訳などに携わっている。

旅のリサーチや現地で活用
便利なツール

香港へ行こうと思い立てば、インターネットの普及により、以前に比べてフライトプランや旅先の情報など、リサーチが手軽になった。ウェブサイトのマップでは行ったことのない街の様子や店の外観まで分かるようになり、目的地に辿り着くまでの不安も随分と緩和された。年々便利になり、滞在中の行動半径はグーンと広がっている。

SIMフリーの端末やルーターが手元にあれば、現地で販売する旅行者用SIMやプリペイドSIMに入れ替え、通信料金を気にすることなく、街歩きしながらでも移動手段や現地情報をサクサク検索できる。これは空港内の販売店で購入が可能なのでお勧めだ。書籍の香港地図は細かい表示があるのでネットと併用して、家でのリサーチに役立っている。

旅行者用SIMカードについては、香港政府観光局のHP
（Discover Hong Kong Tourist SIM card）を参照。
www.discoverhongkong.com/eng/plan-your-trip/traveller-info/communications/tourist-sim-card.jsp

検索しやすく無料で使える
便利なアプリ

香港旅行中、手持ちのスマートフォンやタブレットで利用できる
便利なアプリをいくつかご紹介します。

1 MTR Mobile
香港MTR公式アプリ

乗り換え・運賃の確認は、乗車駅・降車駅をタップで選択して検索できるので、初めてでも使いやすい。他に運行情報・終電・駅出口案内・駅構内のトイレ・店舗・ATMの確認もできる。

www.mtr.com.hk/en/customer/services/mtr_mobile.html

2 MyObservatory
香港天文台公式アプリ

9日間の天気予報の確認や、リアルタイムに発信される各警報や注意報のお知らせ設定もできる。特に台風シーズンの香港では飛行機の遅延・欠航、その他の交通機関にも大きな影響が出るので、その情報を素早くチェックできる。

www.hko.gov.hk/myobservatory_uc.htm

3 OpenRice
飲食店情報アプリ

飲食店の口コミサイト。場所や料理の種類などの条件からお店を検索したり、位置情報から現在地近くにある飲食店の確認も可能。ミシュランや地元メディア紹介のお店情報も掲載。一部のお店は予約もできる。

www.openrice.com/info/connect_openrice/

4 香港乗車易HK e Transport
香港政府提供アプリ

出発地と目的地を入力もしくは地図上で指定。MTR・バス・フェリー・トラム・ピークトラム・政府運営のミニバスまで網羅した、多数の路線の検索が可能。

www.td.gov.hk/en/transport_in_hong_kong/its/its_achievements/hong_kong_etransport/

5 Toilet Rush
香港トイレ検索アプリ

香港のトイレ事情は少し不便。コンビニにはトイレがなく、MTR駅も一部のみの設置。このアプリではトイレの場所はもちろん、清潔さの口コミ評価も事前にチェックできる。

www.nuthon.com/portfolio_toiletrush.html

6 HKG My Flight
香港国際空港公式アプリ

最新フライト情報・空港内施設・レストラン・ショップ・イベントの検索が可能で、日本語設定ができる。2017年11月より、専用タグ購入者は手荷物到着通知サービスを利用できるようになった。

www.hongkongairport.com/eng/flight/hkg_my_flight.html

アプリ情報協力：渡部真澄　初海外旅行で香港を訪れてから香港が好きになり、飽きずに何度も通ったのち、2014年より香港在住。

※情報は2017年12月現在のものです。

香港案内地図

本著に登場する店舗やエリア、博物館などの位置を紹介しています。
香港でのいいもの・美味しいもの探し、街歩きにご利用ください。
地図はそれぞれに縮尺率が違います。また、細い道などを省略しています。

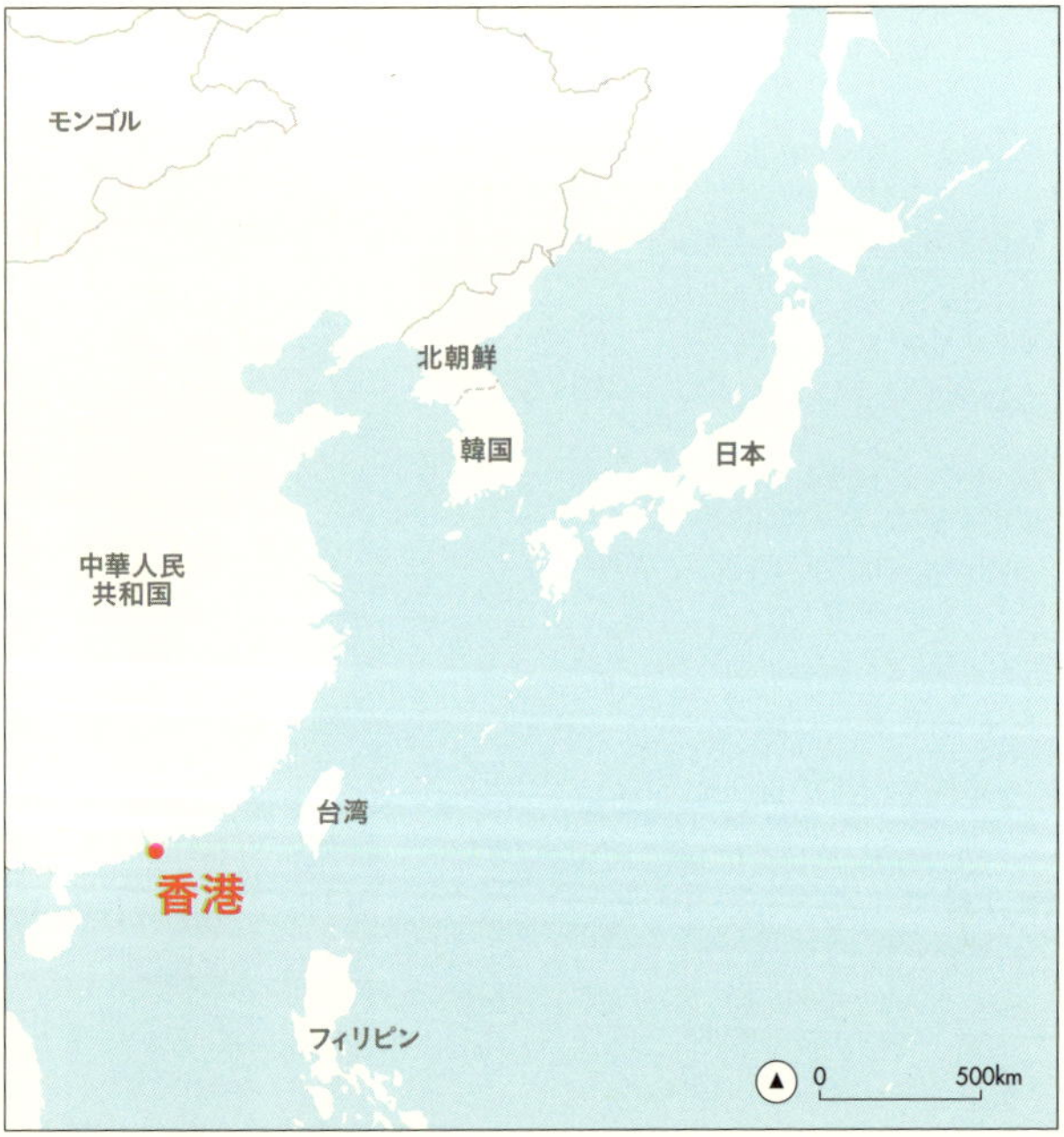

中華人民共和国
深圳
東鐵綫
新界元朗
元朗站
新界
新界大埔墟
大埔墟站
饒宗頤文化館
P.134
西鐵綫
九龍1
九龍2
美孚站
九龍
香港
國際機場
機場站
東涌綫
機場快綫
坪洲
香港島
柴灣站
筲箕湾
總站
香港島2
香港島1
吉勝街熟食市場
P.107
南陵金巻食品
P.098
長洲
南Y島
赤柱・スタンレーマーケット
唐氏貿易公司
香港全図
0
5km

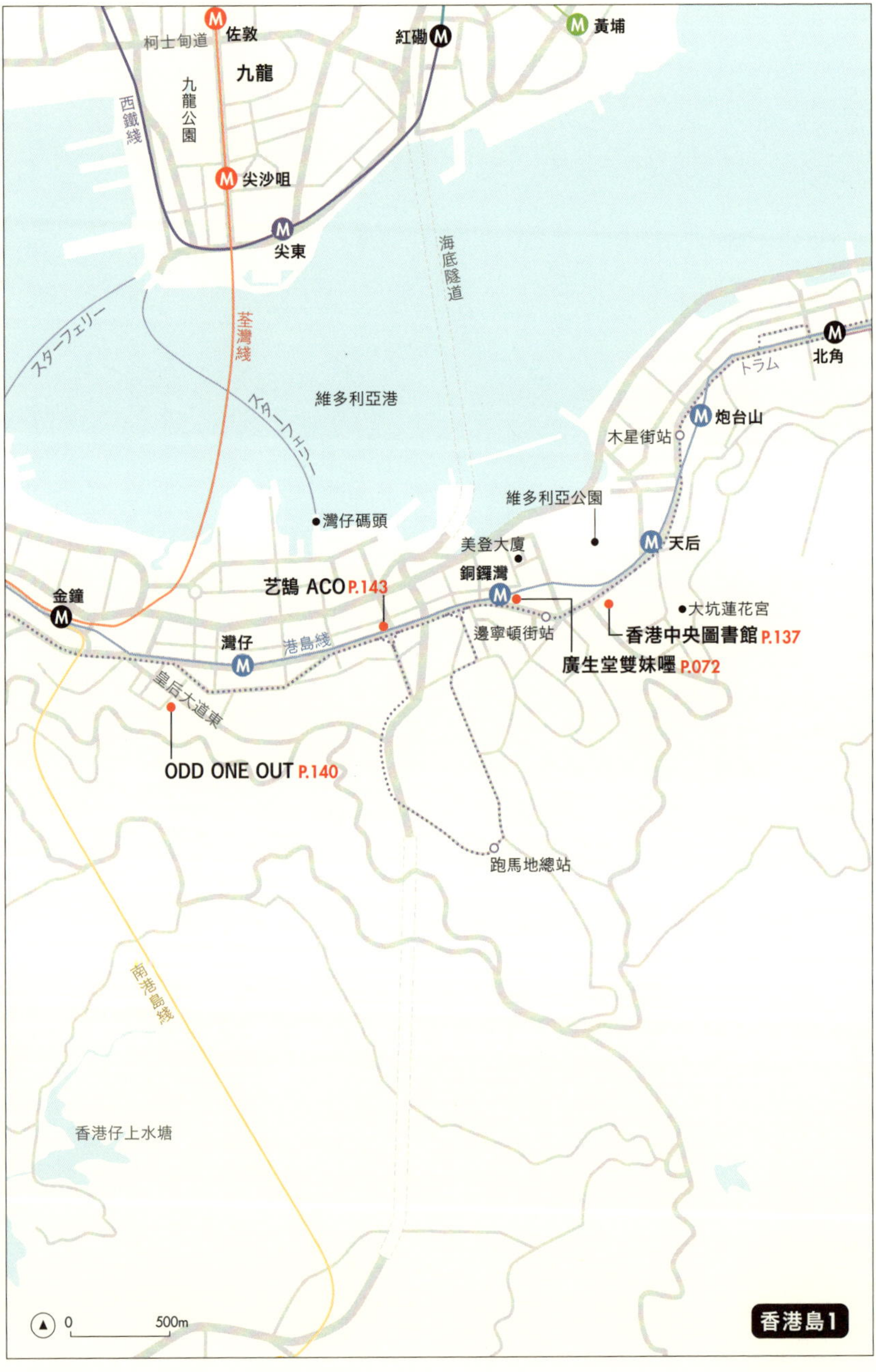
佐敦
紅磡
黃埔
柯士甸道
九龍
九龍公園
西鐵線
尖沙咀
尖東
海底隧道
荃灣線
スターフェリー
スターフェリー
維多利亞港
北角
トラム
炮台山
木星街站
維多利亞公園
灣仔碼頭
美登大廈
天后
銅鑼灣
艺鵠 ACO P.143
金鐘
大坑蓮花宮
邊寧頓街站
香港中央圖書館 P.137
灣仔
港島線
廣生堂雙妹嚜 P.072
皇后大道東
ODD ONE OUT P.140
跑馬地總站
南港島線
香港仔上水塘
0
500m
香港島1

機場快綫
東涌綫
香港海事博物館
Café 8
P.115
天星小輪碼頭
P.115
維多利亞港
スターフェリー
福成元記
P.049
益記號
德昌森記蒸籠
勤興山貨
P.103
源興香料公司 P.099
兆成行 P.073
堯陽茶行(香港) P.101
貘記 Makee
P.141
中環碼頭
P.114
隆盛祥合記
P.103
朱榮記
上環
堅尼地城總站
トラム
德輔道西
西邊街
正街
香港大學
普仁街
錦利鋼鐵工程
香港
西營盤
港島綫
香港大學
余均益
P.094
荷李活道
卑利街
中環
P.113
荃灣綫
堅尼地城
華寧里
長春社文化古蹟資源中心 P.137
陸羽茶室
九龍醬園 P.093
若蘭慈素食 P.033
奇香村茶行 P.100
廣發五金
勤記粉麵廠
士美非路街市 P.107
元創方PMQ
P.138
新杜洪記
P.103
律打街のガス灯 P.120
平安里の階段
P.121
ピークトラム
文武廟
春生貿易行
香港仔街市 P.107
有記粉麵廠
P.090
榮記五金家品(華富總店)
P.103
香港島2
0
500m

美孚站
長沙灣
嘉頓山
白田街
黑地
賽馬會創意藝術中心
JCCAC
P.139
九龍塘
樂富
石硤尾
深水埗
欽州街
汝州街
長沙灣道
鴻濤鈕扣行
P.066
大南街
基隆街
東鐵綫
南昌
荔枝角道
太子
太子道
西鐵綫
旺角東
彌敦道
旺角
奧運
新填地街
荃灣綫
觀塘綫
光輝鋼竹蒸籠廚具
P.105
油麻地
宇宙不銹鋼工程公司
P.105
萬記砧板
P.105
陳枝記老刀莊
P.044
八珍 P.092
上海街
P.104
五金陳
P.103
何文田
廣東道
黃埔
九龍
佐敦
香港歷史博物館
P.136
柯士甸
柯士甸道
紅磡
九龍公園
尖沙咀
海底隧道
機場快綫
東涌綫
尖東
尖沙咀碼頭
0
500m
九龍 1

樂富街市
黃大仙
鑽石山
九龍塘
樂富
石硤尾站
聯合道
劉裕發茶莊 P.101
彩虹
牛池灣街市 P.107
九龍寨城公園 P.122
石屋家園 P.123
九龍灣
君立酒店 P.039
觀塘綫
大孖醬料 P.096
東鐵綫
粤東磁廠 P.046
牛頭角
觀塘
九龍 2
0
500m

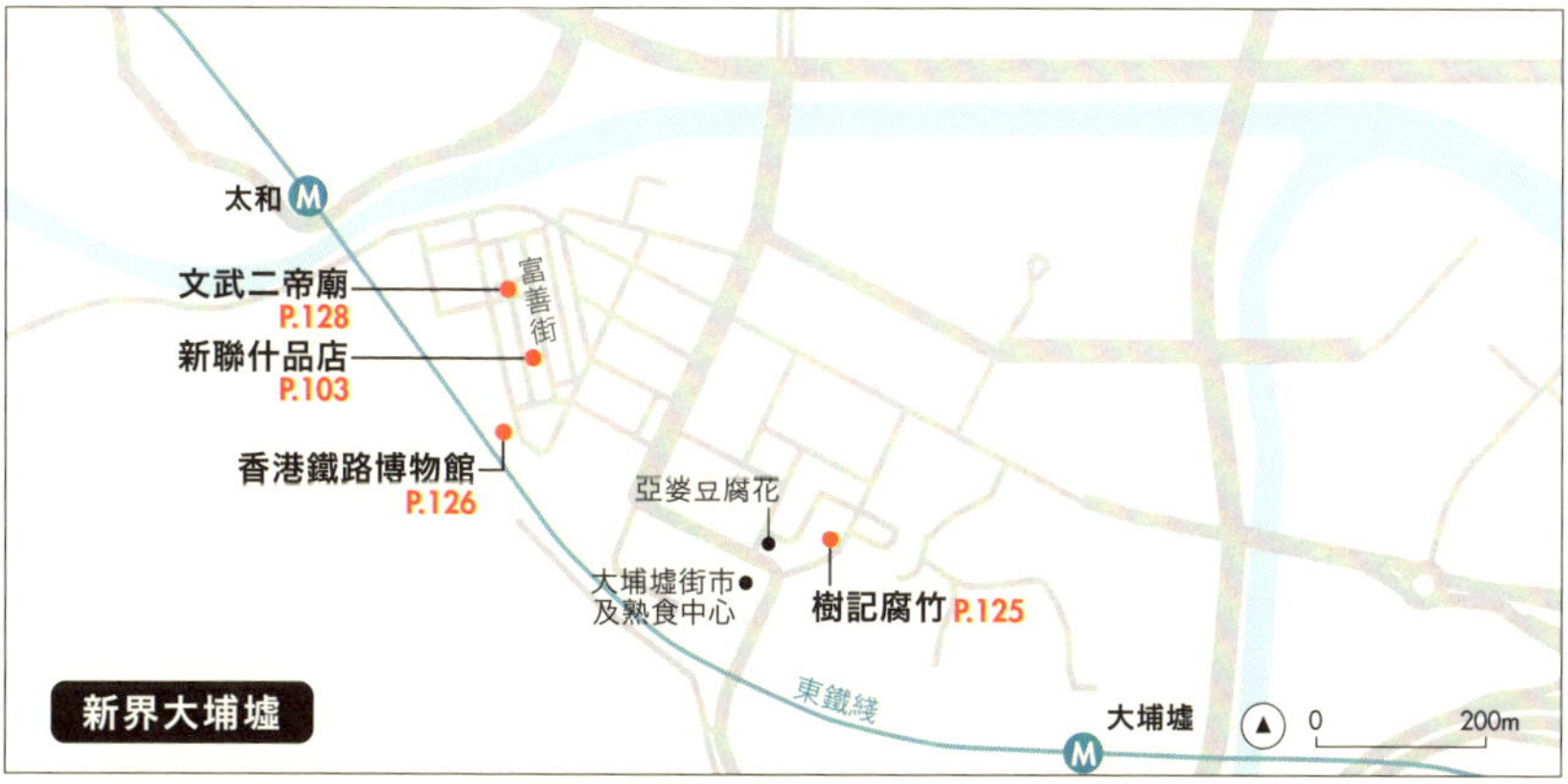
太和
富善街
文武二帝廟 P.128
新聯什品店 P.103
香港鐵路博物館 P.126
亞婆豆腐花
大埔墟街市
及熟食中心
樹記腐竹 P.125
東鐵綫
大埔墟
新界大埔墟
0
200m

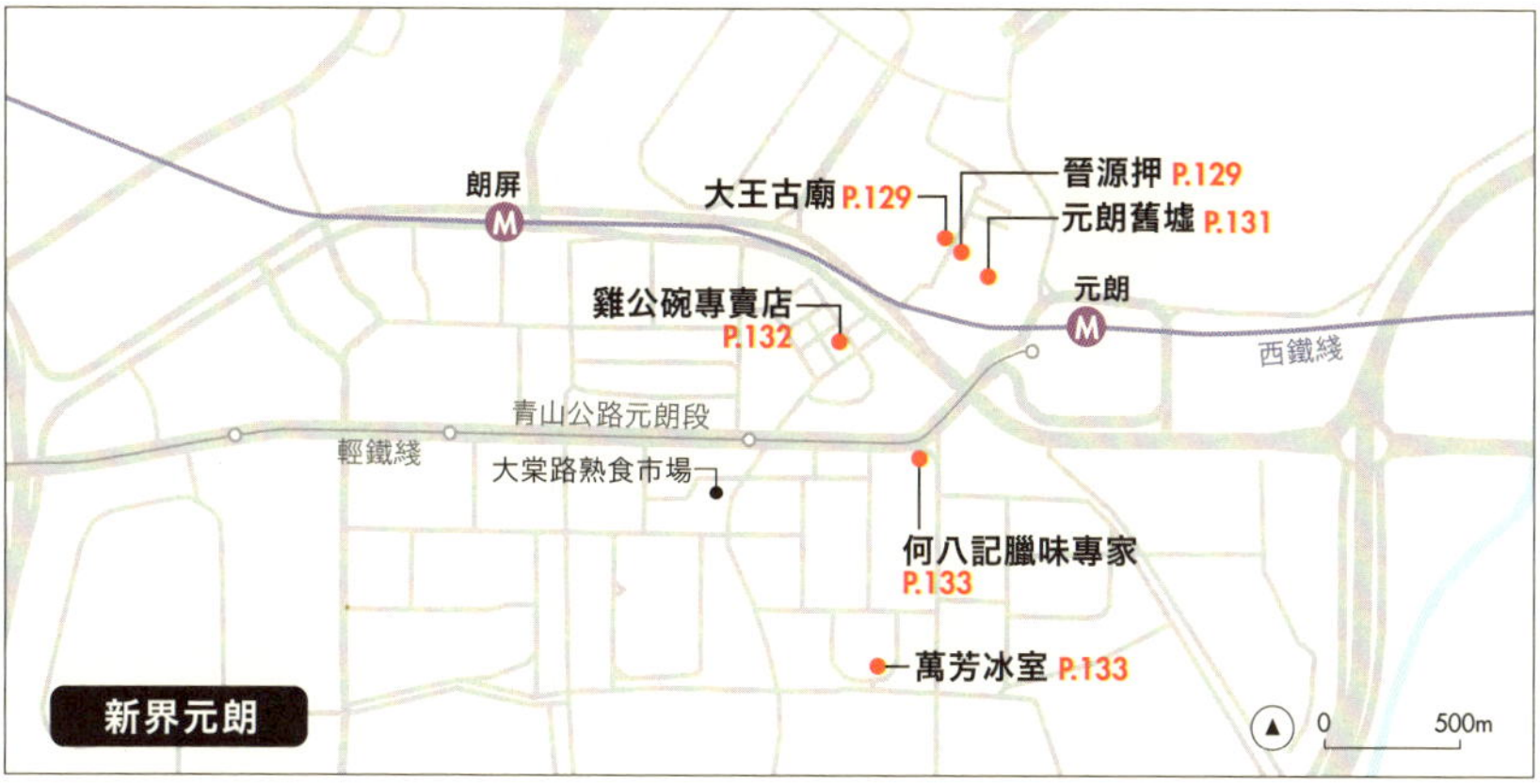
朗屏
大王古廟 P.129
晉源押 P.129
元朗舊墟 P.131
元朗
雞公碗專賣店 P.132
西鐵綫
青山公路元朗段
輕鐵綫
大棠路熟食市場
何八記臘味專家 P.133
萬芳冰室 P.133
新界元朗
0
500m

おわりに

着陸が近づいた機内から眼下に広がる、大小さまざまな美しい島々をじっと眺め、「また来ちゃった、よろしくね。」と心の中で呟き、旅が始まる。

香港の空気に触れるだけで満足と思いながらも、街中に立てば、ただ美味しい、楽しいから、これはなんだろう、向こうに見えるの何、とあらゆるものへの興味は尽きない。もっと知りたいという気持ちのままに、ここでしか見つからない、宝もの探しが始まる。

心弾ませながら、ローカル色の強い小さな店を覗いたり、くたくたになりながら、うらびれた路地裏や坂道を満足いくまで歩き続ける。挨拶程度の広東語とアイコンタクトの会話でも、店を何度か訪ねれば、気安く「前にも来たね」と声をかけてもらえ、些細な交流がますます香港を愛しくする。

帰国前には滞在先のホテル周辺を歩き、次はいつになるだろう、そんなことを思いつつ、香港の空気を胸いっぱいに吸い込む。馴染みをつくり、新しいを見つけ、何度訪れても、恋心は変わらない。

多謝、香港。また来るね。

大原久美子

参考資料

◉『本場に学ぶ中国茶』
王広智・陳文華 岩谷貴久子（訳）
化学出版社東京（株）

◉『中国茶読本』
島尾伸三著
平凡社

◉香港街道圖
萬里機構・萬里書店

◉『歳月餘暉　再會老行業』
梁廣福著
中華書局（香港）有限公司

◉中華人民共和国香港特別行政区政府公式ウェブサイト

大原久美子（おおはらくみこ）

スタイリスト。雑誌や書籍、広告媒体のインテリア、雑貨、料理を中心に活躍。最近の主な仕事に『ちりめん細工の小さな袋と小箱』『組み方を楽しむエコクラフトのかご作り』（朝日新聞出版）、女性誌（集英社）など多数。香港へは約30年通い続けている。

撮影・文…大原久美子
カバー写真…本多康司
編集…田中真理子
デザイン…吉田昌平（白い立体）
地図制作…アトリエ・プラン
校正…ヴェリタ
コーディネート…Estella Mak
プリンティングディレクション…荒川吉一（大日本印刷）

多様《たよう》な文化《ぶんか》と暮《く》らしが入《い》り混《ま》じる
街《まち》で見《み》つけた日用品《にちようひん》

週末《しゅうまつ》香港《ほんこん》、いいもの探《さが》し

NDC292

2018年2月19日　発行

著　者　大原久美子《おおはらくみこ》

発行者　小川雄一
発行所　株式会社 誠文堂新光社
〒113-0033東京都文京区本郷3-3-11
（編集）電話03-5800-3614
（販売）電話03-5800-5780
http://www.seibundo-shinkosha.net/

印刷・製本　大日本印刷株式会社

© 2018, Kumiko Ohara
Printed in Japan
検印省略
禁・無断転載

落丁・乱丁本はお取り替え致します。
本書のコピー、スキャン、デジタル化等の無断複製は、著作権法上での例外を除き、禁じられています。本書を代行業者等の第三者に依頼してスキャンやデジタル化することは、たとえ個人や家庭内での利用であっても著作権法上認められません。
本書に掲載された記事の著作権は著者に帰属します。これらを無断で使用し、展示・販売・レンタル・講習会などを行うことを禁じます。

JCOPY〈(社) 出版者著作権管理機構 委託出版物〉
本書を無断で複製複写（コピー）することは、著作権法上での例外を除き、禁じられています。本書をコピーされる場合は、そのつど事前に、(社) 出版者著作権管理機構（電話 03-3513-6969／FAX 03-3513-6979／e-mail:info@jcopy.or.jp）の許諾を得てください。

ISBN978-4-416-51872-4